有色金属行业教材建设项目

普通高等教育新工科人才培养
地球物理学专业精品教材

地球物理智能优化算法

Intelligent Optimization Algorithms in Geophysics

崔益安　谢静　王璞　朱肖雄 ◎ 编著

中南大學出版社
www.csupress.com.cn
·长 沙·

图书在版编目(CIP)数据

地球物理智能优化算法 / 崔益安等编著. --长沙：
中南大学出版社，2024.12.

ISBN 978-7-5487-6126-6

Ⅰ. P31

中国国家版本馆 CIP 数据核字第 20242YS216 号

地球物理智能优化算法

DIQIU WULI ZHINENG YOUHUA SUANFA

崔益安　谢静　王璞　朱肖雄　编著

□出 版 人　林绵优
□责任编辑　刘小沛
□责任印制　李月腾
□出版发行　中南大学出版社
社址：长沙市麓山南路　邮编：410083
发行科电话：0731-88876770　传真：0731-88710482
□印　　装　长沙鸿和印务有限公司

□开　　本　787 mm×1092 mm 1/16　□印张 6.5　□字数 160 千字
□版　　次　2024 年 12 月第 1 版　□印次 2024 年 12 月第 1 次印刷
□书　　号　ISBN 978-7-5487-6126-6
□定　　价　36.00 元

内容简介

本书是为地球科学特别是地球物理学专业高年级本科生或研究生求解优化问题编写的简明教程，从地球物理数据反演的角度出发，系统介绍了地球物理中常用的传统优化算法和智能优化算法的基本原理、算法流程和反演程序示例，包括最速下降法、高斯-牛顿法、共轭梯度法、模拟退火法、遗传算法、蚁群算法、粒子群优化算法、神经网络及深度学习算法等。本书可以帮助地球物理学专业的学生更好地理解和应用在地球物理反演中发挥重要作用的各类优化算法，为进行地球物理数据处理与反演解释提供坚实的基础。全书内容精炼、结构紧凑、图文并茂、案例丰富，讲述深入浅出、通俗易懂，各章内容相对独立，可根据需要灵活取舍。本书可作为地球物理学专业或相关专业的优化算法教材，也可以作为成人教育及各类职业教育的教材。

前言

“优化”是现代生活和生产活动中的一个重要环节，它涉及在特定条件下实现最佳结果的过程。“优化”的目标通常是在有限的资源和条件下，通过分析和选择最佳方案，达到成本最小化、效率最大化或特定目标的最优化。随着人工智能和计算机技术的发展，优化方法和工具变得更加先进和精确，进一步推动了“优化”在各个领域的应用。“优化”可以是经济学中的资源优化配置，用来提高经济效益，确保资源被有效利用并使利润最大化，也可以是信息技术中算法的优化，用来提高计算效率，减少数据处理时间，提升系统性能，等等。随着计算机技术与人工智能等的快速发展，为了在一定程度上解决大空间、非线性、全局寻优、组合优化等复杂优化问题，各类智能优化算法不断涌现，如进化类算法、群智能算法等。因其独特的优点和机制，这些算法得到了国内外学者的广泛关注，并在包括地球物理反演在内的众多领域得到了成功应用。

针对优化算法特别是智能优化算法在地球物理反演领域的重要应用，笔者专门编写本书作为地球物理学专业高年级本科生或研究生求解反演优化问题的简明教程。地球物理反演是典型的非线性复杂优化问题，熟悉和理解各种优化算法可以为地球物理数据反演解释与处理提供坚实的算法基础。

全书共分 9 章，以地球物理反演为目标，全面系统地介绍了常用优化算法的基本原理、算法过程以及程序示例。第 1 章介绍地球物理反演过程与优化算法的关系；第 2 章开始介绍地球物理反演常用的传统优化算法，具体阐述了下降算法与最速下降算法；第 3 章介绍牛顿法与高斯-牛顿法；第 4 章讲述了共轭梯度法；第 5 章开始介绍智能优化算法，主要讲述了模拟退火算法；第 6 章介绍遗传算法；第 7 章介绍蚁群优化算法；第 8 章介绍粒子群优化算法；第 9 章介绍神经网络与深度学习算法。各类算法均在阐述原理的基础上，详细讲述了算法过程，还特别提供了具体的地球物理反演程序示例，方便读者对各算法的学习与实际应用。本书可以帮助学习者节省大量查询资料和编写程序的时间，使学习者通过给出的优化算法程序代码示例更深入地理解、快速地掌握这些地球物理反演算法。

本书编著过程中，参考了大量国内外的文献资料，特别是国内数值最优化算法与理论、智能优化算法等方面的许多优秀专著与教材，特此感谢。同时要特别感谢为本书各算法的程序代码进行编制调试工作的几位同志。中南大学李浩博士设计编制了最速下降算法、牛顿法与高斯–牛顿法的程序代码，袁洋博士设计编制了共轭梯度法程序代码，张鹏飞博士设计编制了遗传算法、神经网络与深度学习程序代码；北京大学谢静博士后设计编制了模拟退火算法程序代码；国防科技大学朱肖雄博士设计编制了蚁群优化算法和粒子群优化算法的程序代码。还要感谢中南大学刘桔燃、杨向博等研究生对本书部分公式和图表的认真编辑工作。

本书博采众家之所长，结合实际地球物理反演案例，对内容进行了精心的组织编排，特别提供了各算法的程序代码。本书力求精简、突出重点，通俗易懂，与专业结合紧密，特色鲜明，容易上手。

由于编著者水平有限，书中难免存在不当之处，敬请广大读者批评、不吝赐教！

编著者

2024 年 9 月

目录

第 1 章 地球物理反演与最优化问题

1.1 地球物理反演

任意地球物理反演问题都可以看作根据观测数据寻找最佳模型的优化问题。如观测数据:

$$\boldsymbol{Y}=[y_1,\ y_2,\ \cdots,\ y_n]^{\mathrm{T}} \tag{1-1}$$

表示 n 个离散的地球物理观测数据构成的 n 维向量，称为观测值向量 $\boldsymbol{Y}$。

对应的地球物理模型可表示为由 m 个模型参数构成的 m 维向量，称为模型参数向量 $\boldsymbol{B}$:

$$\boldsymbol{B}=[b_1,\ b_2,\ \cdots,\ b_m]^{\mathrm{T}} \tag{1-2}$$

模型参数包括模型体构成的几何参数和物性参数。

由初始模型参数向量 $\boldsymbol{B}$，根据相应地球物理正演方法计算出来的对应式(1-1)中各观测点的 n 个理论值，称为模型理论计算值向量 $\boldsymbol{G}$。

地球物理反演就是寻找一组模型参数向量 $\boldsymbol{B}$，使其正演计算出的理论值向量 $\boldsymbol{G}$ 与观测值向量 $\boldsymbol{Y}$ 尽可能一致。一般把理论计算值与实际观测值之间的差(如距离平方差)称为残差，记为:

$$\varepsilon(\boldsymbol{B})=\boldsymbol{Y}-\boldsymbol{G}(\boldsymbol{B}) \tag{1-3}$$

可以构造目标函数:

$$\phi(\boldsymbol{B})=\sum_{i=1}^{n}\varepsilon_i(\boldsymbol{B}) \tag{1-4}$$

令 $\phi(\boldsymbol{B})=\min$，采用某种数值优化方法可以求解模型参数向量 $\boldsymbol{B}$，从而使反演问题得解。

例如，自然电场法在许多矿产勘探或工程与环境探查的应用中，可以把地下目标简化为极化球体，相应的地球物理模型如图 1-1 所示。

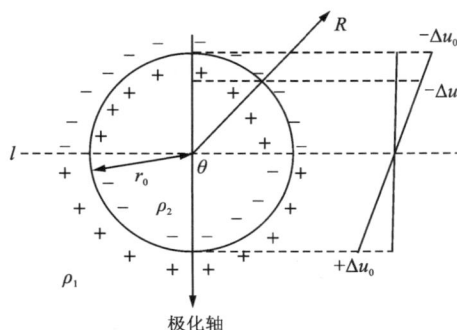

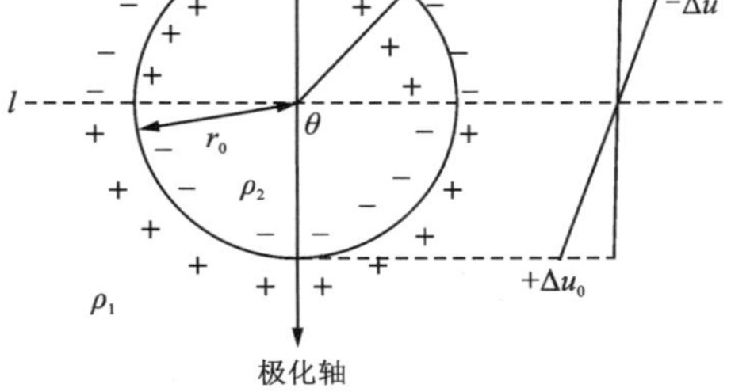

图 1-1 极化球体模型

可以求解空间内任意一点的自然电位异常：

$$U = \frac{2\rho_2}{2\rho_2 + \rho_1}\Delta U_0 \cos\theta \frac{r_0^{\ 2}}{R^2} \tag{1-5}$$

当极化轴发生偏转并与 x 负半轴呈 α 夹角时，可推出地表的自然电位异常正演计算公式：

$$U(x) = K\frac{(x - x_0)\cos\alpha + z\sin\alpha}{[(x - x_0)^2 + z^2]^{3/2}} \tag{1-6}$$

式中：K 表示电偶极矩，z 表示极化球体的埋深，α 表示极化角度，x_0 表示极化球体在 x 轴的水平坐标。

如存在上述极化球体，则可在地面观测到自然电场异常值 $U_i(i = 1, 2, \cdots, n)$ 。而该极化球体模型参数包括电偶极矩 K、球体埋深 z、极化角 α、球体在 x 轴的水平坐标 x_0 等，写为

$\boldsymbol{B} = [K, z, \alpha, x_0]^{\mathrm{T}}$ 。对参数给定初始值，利用正演计算公式(1-6)可以计算出各测点理论值 $f_1, f_2, \cdots, f_n$。由目标函数：

$$\min \phi(\boldsymbol{B}) = \sum_{i=1}^{n}(U_i - f_i)^2 \tag{1-7}$$

可以求出极化球体模型的参数。

上述问题的求解属于典型的最小二乘优化问题。如果要求取目标函数的极值，可以通过令目标函数的导数(如存在)为零，求解析解得到。但是实际地球物理问题中的函数一般是非常复杂的非线性函数，没有解析解，需要通过迭代来求解。迭代求解的一般思路是先通过经验估计或随机给定初值 B_0，对应目标函数为 $\phi(B_0)$。然后改变初值得到一个新的值 B_1，如果 $\phi(B_1) < \phi(B_0)$，那么说明迭代的方向是朝目标函数值减小的方向，离期待的极值更近了一步，可以继续朝这个方向改变 B_1 的值，否则朝相反的方向改变 B_1 的值。如此循环迭代多次，直到相邻几次迭代的目标函数值的差别在设定的阈值范围内，或者达到了设定的最大迭代次数，则迭代终止，此时的目标函数就是所求的极值。

所有关于地球物理观测数据反演的最优化问题，其一般流程如算法 1-1 所示。

算法 1-1　地球物理反演流程

Ⅰ输入观测数据。

Ⅱ确定地球物理模型与正演计算(解析公式或数值方法)。

Ⅲ给定初始模型，即对模型几何参数和物性参数赋初值。

Ⅳ正演计算该模型的地球物理响应理论值。

Ⅴ计算残差，判定正演计算数据与实际观测数据之间的拟合程度。

Ⅵ若不满足拟合要求，修改模型参数，转Ⅳ继续；若满足则转Ⅶ。

Ⅶ输出最后的模型参数作为反演结果。

其中最关键的有两点，一是怎样判定残差或计算值与观测值之间的拟合程度；二是如何修正模型参数。

在地球物理反演中，残差或拟合程度常采用模型正演计算结果与观测结果在各测点上的离差平方和来衡量：

$$\phi = \sum_{i=1}^{n} [U_i - f(x_i, B)]^2 \tag{1-7}$$

式中：ϕ 为目标函数 U_i 的实测结果，i 为测点号；x_i 为观测点坐标；B 为模型参数；$f(x_i, B)$ 为正演计算式，表示代入参数 B 后在 x_i 点的正演计算结果。

对于模型参数的修正，可以设模型参数的初值为 $B^{(0)}$，修正量为 δ，修正后的模型参数 $B^{(1)}$ 为：

$$B^{(1)} = B^{(0)} + \delta \tag{1-8}$$

求解修正量 δ，使得由确定的计算值与观测值之间的目标函数 ϕ 取极小值，就是最小二乘意义上的最优化方法。

关于 δ 的求解有许多方法，如最速下降法、牛顿法、高斯-牛顿法等。其基本出发点是对非线性函数 ϕ 进行逐次线性化，通过合理的 $\delta^{(k)}$ 保证修正后的 $B^{(k+1)} = B^{(k)} + \delta^{(k)}$ 满足 $\phi[B^{(k+1)}] < \phi[B^{(k)}]$，从而达到 $\min\phi(B)$ 的目的。优化算法的不同主要体现在增量的修正更新方式上。通常希望优化算法迭代得到的极值是全局唯一的最小值，但如果更新方式不合适，很容易陷入局部最小值(可能有多个)。

1.2 最优化问题

设函数 f 是定义在 R^n 上的实值函数，最优化问题的数学表示如下：

$$\min f(x),\ x \in D \in R^n \tag{1-9}$$

式中：min 是 minimizing(极小化)的简写。函数 f 为问题(1-9)的目标函数，集合 D 为问题的可行域，可行域中的点为可行点。如果将函数 f 视为地球物理反演过程的拟合差(残差)，集合 D 视为产生观测数据可能对应存在的各种地球物理模型所构成的集合，则上述最优化问题可通俗地理解为在众多可能的模型中寻求最佳的模型。

在问题(1-9)中，若 $D=R^n$，则该问题称为无约束最优化问题(简称无约束问题)，否则称为约束最优化问题(简称约束问题)。

无约束问题通常记为：

$$\min f(x),\ x \in R^n \tag{1-10}$$

约束问题的一般形式为

$$\begin{cases} \min f(x) \\ \text{s.t. } g_i(x) \geqslant 0,\ i \in I = \{1, 2, \cdots, m_1\} \\ h_j(x) = 0,\ j \in E = \{m_1 + 1, m_1 + 2, \cdots, m\} \end{cases} \tag{1-11}$$

式中：g_i, h_i: $R^n \to R(i \in I, j \in E)$。约束问题(1-11)中，函数 $g_i(i \in I)$, $h_j(j \in E)$ 称为约束函数。不等式组 $g_i(x) \geqslant 0(i \in I)$ 和等式组 $h_j(x) = 0(j \in E)$ 分别称为不等式约束条件和等式约束条件，二者统称为约束条件。满足问题(1-11)的约束条件的点所构成的集合称为问题的可行域，记为 D：

$$D = \{x \mid g_i(x) \geqslant 0,\ i \in I,\ h_j(x) = 0,\ j \in E\} \tag{1-12}$$

最优化的一个主要研究内容就是求问题(1-9)的解。最优化问题的解分为局部最优解和全局(整体)最优解，其定义如下：

定义 1-1：设点 $x^* \in D$，若存在 x^* 的一个邻域 $U(x^*)$，使得不等式(1-13)成立

$$f(x*) \leqslant f(x),\ \forall x \in D \cap U(x*) \tag{1-13}$$

则称 $x*$ 是问题(1-9)的一个局部最优解，或简称为问题(1-9)的一个最优解。若对所有 $x \in D \cap U(x*) \setminus \{x*\}$，不等式(1-13)均为严格不等式，则称 $x*$ 是问题(1-9)的一个严格局部最优解。

若不等式：

$$f(x*) \leqslant f(x),\ \forall x \in D \tag{1-14}$$

成立，则称 $x*$ 是问题(1-9)的一个全局(整体)最优解。若对所有 $x \in D \setminus \{x*\}$，不等式(1-14)均为严格不等式，则称 $x*$ 是问题(1-9)的一个严格全局(整体)最优解。

约束最优化问题中有两类重要的问题。当目标函数 f 和约束函数 $g_i(i \in I)$，$h_j(j \in E)$ 都是线性函数时，约束问题(1-11)称为线性规划。当目标函数 f 是二次函数且约束函数 $g_i(i \in I$，h_j，$j \in E)$ 是线性函数时，约束问题(1-11)称为二次规划。若函数 f 是 R^n 中的凸函数且 D 是凸集时，问题(1-9)称为凸规划。

下面回顾一下求解优化问题涉及的多元函数的 Taylor 展开式以及向量和矩阵范数。

设 f: $R^n \to R$ 二次连续可微，若用 $\nabla f(\boldsymbol{x})$ 和 $\nabla^2 f(\boldsymbol{x})$ 分别表示 f 在 $\boldsymbol{x}$ 处的梯度向量和 Hessian 矩阵，即：

$$\nabla f(\boldsymbol{x}) = \begin{pmatrix} \dfrac{\partial f(\boldsymbol{x})}{\partial \boldsymbol{x}_1} \\ \vdots \\ \dfrac{\partial f(\boldsymbol{x})}{\partial \boldsymbol{x}_n} \end{pmatrix} \tag{1-15}$$

$$\nabla^2 f(\boldsymbol{x}) = \begin{pmatrix} \dfrac{\partial^2 f(\boldsymbol{x})}{\partial \boldsymbol{x}_1^2} & \cdots & \dfrac{\partial^2 f(\boldsymbol{x})}{\partial \boldsymbol{x}_1 \partial \boldsymbol{x}_n} \\ \vdots & & \vdots \\ \dfrac{\partial^2 f(\boldsymbol{x})}{\partial \boldsymbol{x}_n \partial \boldsymbol{x}_1} & \cdots & \dfrac{\partial^2 f(\boldsymbol{x})}{\partial \boldsymbol{x}_n^2} \end{pmatrix} \tag{1-16}$$

对 $\boldsymbol{x}$，$\boldsymbol{y} \in R^n$，定义一元函数 ϕ：$R \to R$ 如下：

$$\phi(t) = f[\boldsymbol{y} + t(\boldsymbol{x} - \boldsymbol{y})] \tag{1-17}$$

经直接计算可得 ϕ 的一阶、二阶导数与 f 的梯度及 Hessian 矩阵之间的关系如下：

$$\phi'(t) = \nabla f[\boldsymbol{y} + t(\boldsymbol{x} - \boldsymbol{y})]^{\mathrm{T}}(\boldsymbol{x} - \boldsymbol{y}) \tag{1-18}$$

$$\phi''(t) = (\boldsymbol{x} - \boldsymbol{y})^{\mathrm{T}} \nabla^2 f[\boldsymbol{y} + t(\boldsymbol{x} - \boldsymbol{y})](\boldsymbol{x} - \boldsymbol{y}) \tag{1-19}$$

利用一元函数中值定理，容易导出多元函数的一阶、二阶中值定理。

多元函数的一阶 Taylor 展开式(一阶中值定理)如下：

$$\begin{aligned} f(\boldsymbol{x}) &= f(\boldsymbol{y}) + \int_0 \nabla f[\boldsymbol{y} + \tau(\boldsymbol{x} - \boldsymbol{y})]^{\mathrm{T}}(\boldsymbol{x} - \boldsymbol{y})\,\mathrm{d}\tau \\ &= f(\boldsymbol{y}) + \nabla f[\boldsymbol{y} + \theta(\boldsymbol{x} - \boldsymbol{y})]^{\mathrm{T}}(\boldsymbol{x} - \boldsymbol{y}) \\ &= f(\boldsymbol{y}) + \nabla f(\boldsymbol{y})^{\mathrm{T}}(\boldsymbol{x} - \boldsymbol{y}) + o(\|\boldsymbol{x} - \boldsymbol{y}\|) \end{aligned} \tag{1-20}$$

式中：$\theta \in (0, 1)$。

多元函数的二阶 Taylor 展开式(二阶中值定理)如下：

$$f(\boldsymbol{x})=f(\boldsymbol{y})+\nabla f(\boldsymbol{y})^{\mathrm{T}}(\boldsymbol{x}-\boldsymbol{y})+\frac{1}{2}(\boldsymbol{x}-\boldsymbol{y})^{\mathrm{T}}\int_{0}^{1}\nabla^{2}f[\boldsymbol{y}+\tau(\boldsymbol{x}-\boldsymbol{y})]\mathrm{d}\tau(\boldsymbol{x}-\boldsymbol{y})$$

$$=f(\boldsymbol{y})+\nabla f(\boldsymbol{y})^{\mathrm{T}}(\boldsymbol{x}-\boldsymbol{y})+\frac{1}{2}(\boldsymbol{x}-\boldsymbol{y})^{\mathrm{T}}\nabla^{2}f[\boldsymbol{y}+\theta(\boldsymbol{x}-\boldsymbol{y})](\boldsymbol{x}-\boldsymbol{y}) \tag{1-21}$$

$$=f(\boldsymbol{y})+\nabla f(\boldsymbol{y})^{\mathrm{T}}(\boldsymbol{x}-\boldsymbol{y})+\frac{1}{2}(\boldsymbol{x}-\boldsymbol{y})^{\mathrm{T}}\nabla^{2}f(\boldsymbol{y})(\boldsymbol{x}-\boldsymbol{y})+o(\|\boldsymbol{x}-\boldsymbol{y}\|^{2})$$

式中：$\theta\in(0,1)$。

向量值函数有类似的中值定理。设 $\boldsymbol{F}=(F_1, F_2, \cdots, F_m)^{\mathrm{T}}$：$R^n\rightarrow R^m$ 连续可微，$\boldsymbol{F}'(\boldsymbol{x})$ 表示 $\boldsymbol{F}$ 在 $\boldsymbol{x}$ 处的 Jacobi 矩阵，即：

$$\boldsymbol{F}'(\boldsymbol{x})=[\nabla F_1(\boldsymbol{x}), \nabla F_2(\boldsymbol{x}), \cdots, \nabla F_m(\boldsymbol{x})]^{\mathrm{T}}$$

$$=\begin{pmatrix} \dfrac{\partial F_1(\boldsymbol{x})}{\partial \boldsymbol{x}_1} & \dfrac{\partial F_1(\boldsymbol{x})}{\partial \boldsymbol{x}_2} & \cdots & \dfrac{\partial F_1(\boldsymbol{x})}{\partial \boldsymbol{x}_n} \\ \dfrac{\partial F_2(\boldsymbol{x})}{\partial \boldsymbol{x}_1} & \dfrac{\partial F_2(\boldsymbol{x})}{\partial \boldsymbol{x}_2} & \cdots & \dfrac{\partial F_2(\boldsymbol{x})}{\partial \boldsymbol{x}_n} \\ \vdots & \vdots & & \vdots \\ \dfrac{\partial F_m(\boldsymbol{x})}{\partial \boldsymbol{x}_1} & \dfrac{\partial F_m(\boldsymbol{x})}{\partial \boldsymbol{x}_2} & \cdots & \dfrac{\partial F_m(\boldsymbol{x})}{\partial \boldsymbol{x}_n} \end{pmatrix} \tag{1-22}$$

则有：

$$F(\boldsymbol{x})=F(\boldsymbol{y})+\int_{0}^{1}F'[\boldsymbol{y}+\tau(\boldsymbol{x}-\boldsymbol{y})]\mathrm{d}\tau(\boldsymbol{x}-\boldsymbol{y})=F(\boldsymbol{y})+F'(\boldsymbol{y})(\boldsymbol{x}-\boldsymbol{y})+o(\|\boldsymbol{x}-\boldsymbol{y}\|) \tag{1-23}$$

如无特别说明，本书所用到的向量范数均为 Euclid 范数，即对 $\boldsymbol{x}\in R^n$，$\|\boldsymbol{x}\|=(\boldsymbol{x}^{\mathrm{T}}\boldsymbol{x})^{1/2}$。对于矩阵 $\boldsymbol{A}\in R^{n\times n}$，$\|\boldsymbol{A}\|$ 表示由向量范数 $\|\ \|$ 导出的范数，即：

$$\|\boldsymbol{A}\|=\max_{\|\boldsymbol{x}\|=1}\|\boldsymbol{A}\boldsymbol{x}\|=\max\left\{\frac{\|\boldsymbol{A}\boldsymbol{x}\|}{\|\boldsymbol{x}\|}\middle|\boldsymbol{x}\in R^n, \boldsymbol{x}\neq 0\right\} \tag{1-24}$$

可用以 $\|\ \|_F$ 表示矩阵的 Frobenius 范数，即：

$$\|\boldsymbol{A}\|_F=[\mathrm{tr}(\boldsymbol{A}\boldsymbol{A}^{\mathrm{T}})]^{1/2}=[\mathrm{tr}(\boldsymbol{A}^{\mathrm{T}}\boldsymbol{A})]^{1/2}=\left(\sum_{i,j=1}^{n}a_{ij}^{2}\right)^{1/2}, \forall\boldsymbol{A}=(a_{ij})\in R^{n\times n} \tag{1-25}$$

式中：$\mathrm{tr}(\boldsymbol{A})$表示矩阵 $\boldsymbol{A}$ 的迹。

第 2 章 下降算法与最速下降算法

先来假设一个野外地球物理勘探作业时可能会遇到的场景：勘探人员由于突发大雾被困在大山中的某个位置，为避免天气进一步恶化带来的危险，他必须尽快回到山脚下的营地，但他对这座大山不熟悉，受大雾影响视野有限，无法看清下山的方向。情急之下，他想到了一个可以尽快下山的方法。他开始以当前位置 $\boldsymbol{x}_0$ 为中心，在最大可视范围(10 m)为半径的圆形区域内寻找周围最陡峭的方向，并沿该方向走 10 m 到达位置 $\boldsymbol{x}_1$。然后以位置 $\boldsymbol{x}_1$ 为中心，继续寻找周围最陡峭的方向，同样沿该方向走 10 m 到达位置 $\boldsymbol{x}_2$。如此反复，他有可能回到山下的营地吗？其实该勘探人员采用的下山的策略就是梯度下降算法，又称为最速下降算法，是求解无约束优化问题的基本方法之一。

如函数 $f(\boldsymbol{x})$ 连续可微，则无约束最优化问题可表示为：

$$\min f(\boldsymbol{x}),\ (\boldsymbol{x} \in R^n) \tag{2-1}$$

设 $\boldsymbol{x}$，$\boldsymbol{d} \in R^n$，若存在数 $\bar{\alpha}>0$，使得 $f(\boldsymbol{x}+\alpha\boldsymbol{d}) < f(x)$，$\forall \alpha \in (0, \bar{\alpha})$，则可称 $\boldsymbol{d}$ 是函数 f 在 $\boldsymbol{x}$ 处的一个下降方向。若 $-\boldsymbol{d}$ 是函数 f 在 $\boldsymbol{x}$ 处的下降方向，则称 $\boldsymbol{d}$ 是函数 f 在 $\boldsymbol{x}$ 处的一个上升方向。下降方向可理解为当点从 $\boldsymbol{x}$ 出发，沿方向 $\boldsymbol{d}$ 移动时，函数 f 的值呈单调递减趋势。

若令 $\varphi(\alpha)=f(\boldsymbol{x}+\alpha\boldsymbol{d})$，则方向 $\boldsymbol{d}$ 是 f 在 $\boldsymbol{x}$ 处的下降方向就等价于函数 φ 在原点处单调递减。若 $\varphi'(0)<0$，则 φ 在原点单调递减。因此有：

如 f 连续可微且 $\nabla f(\boldsymbol{x}) \neq 0$，若向量 $\boldsymbol{d}$ 满足 $\nabla f(\boldsymbol{x})^{\mathrm{T}}\boldsymbol{d}<0$，则它是 f 在 $\boldsymbol{x}$ 处的一个下降方向。

若矩阵 $\boldsymbol{H} \in R^{n\times n}$ 对称正定，则向量 $\boldsymbol{d} = -\boldsymbol{H}\nabla f(\boldsymbol{x})$ 是 f 在 $\boldsymbol{x}$ 处的一个下降方向。特别地，向量 $\boldsymbol{d}=-\nabla f(\boldsymbol{x})$ 是 f 在 $\boldsymbol{x}$ 处的一个下降方向。

显然当 $n=1$ 时，若 $\boldsymbol{x}^*$ 是问题(2-1)的解，则 $f'(\boldsymbol{x}^*)=0$ 且 $f''(\boldsymbol{x}^*) \geqslant 0$。另外，若 $\boldsymbol{x}^*$ 满足 $f'(\boldsymbol{x}^*)=0$ 且 $f''(\boldsymbol{x}^*)>0$，则 $\boldsymbol{x}^*$ 是问题(2-1)的一个严格局部极小值点。当 $n>1$ 时，无约束问题最优解的条件可看成上述条件的推广。

对于无约束问题解的一阶必要条件，可设 f: $R^n \to R$ 连续可微，$\boldsymbol{x}^*$ 是无约束问题(2-1)的一个局部最优解，则 $\boldsymbol{x}^*$ 满足：

$$\nabla f(\boldsymbol{x}^*) = 0 \tag{2-2}$$

可以称满足式(2-2)的点 $\boldsymbol{x}^*$ 为函数 f 的稳定点，无约束问题(2-1)的局部最优解必是目标函数的稳定点。

对于无约束问题解的二阶必要条件，可设 f: $R^n \to R$ 二次连续可微，$\boldsymbol{x}^*$ 是无约束问题(2-1)的一个局部最优解，则 $\boldsymbol{x}^*$ 满足式(2-2)且 $\nabla^2 f(\boldsymbol{x}^*)$ 半正定，但该条件不是充分条件，例如函数 $f(x)=x^3$ 在 $x^*=0$ 处满足该条件，但 x^* 显然不是 f 的极小值点。

因此对于无约束问题解的二阶充分条件，可设 f: $R^n \to R$ 二次连续可微，若 $\boldsymbol{x}^*$ 满足 $\nabla f(\boldsymbol{x}^*)=0$，且 $\nabla^2 f(\boldsymbol{x}^*)$ 正定，则 $\boldsymbol{x}^*$ 是无约束问题(2-1)的一个严格局部最优解。

$\nabla^2 f(\boldsymbol{x}^*)$ 的正定性保证了函数 f 在 $\boldsymbol{x}^*$ 处附近是严格凸的。由于 $\nabla f(\boldsymbol{x})$ 表示 f 在 $\boldsymbol{x}$ 处的切

平面的法方向，因此$\nabla f(\boldsymbol{x}^*)=0$表明$f$在$\boldsymbol{x}^*$处的切平面是水平的。这可解释为若函数$f$在$\boldsymbol{x}^*$处具有水平的切平面，且在该点附近是严格凸的，则$\boldsymbol{x}^*$是$f$的一个严格局部极小值点。

设$\boldsymbol{x}^*$是f的一个局部极小值点，则存在$\boldsymbol{x}^*$的一个邻域$U(\boldsymbol{x}^*)$，使得：

$$f(\boldsymbol{x}) \geqslant f(\boldsymbol{x}^*),\ \forall x \in U(\boldsymbol{x}^*)$$

对任意的$\boldsymbol{x}\in R^n$，当$\alpha>0$充分小时，$\boldsymbol{x}^*+\alpha(\boldsymbol{x}-\boldsymbol{x}^*)\in U(\boldsymbol{x}^*)$。由$f$的凸性有：

$$f(\boldsymbol{x}^*) \leqslant f[\boldsymbol{x}^* + \alpha(\boldsymbol{x}-\boldsymbol{x}^*)] \leqslant \alpha f(\boldsymbol{x}) + (1-\alpha)f(\boldsymbol{x}^*)$$

由此得$f(\boldsymbol{x})\geqslant f(\boldsymbol{x}^*)$，即$\boldsymbol{x}^*$是$f$的全局最小值点。

对任意$\boldsymbol{x}\in R^n$，$f(\boldsymbol{x})-f(\boldsymbol{x}^*)\geqslant\nabla f(\boldsymbol{x}^*)^{\mathrm{T}}(\boldsymbol{x}-\boldsymbol{x}^*)=0$，即$\boldsymbol{x}^*$是问题(2-1)的一个全局最优解。

所以若f是凸函数，则f的任何局部极小值点也是其全局最小值点。而且极值的一阶必要条件也是充分条件。

2.1 下降算法与线性搜索

有了函数f在点$\boldsymbol{x}$处的下降方向满足的条件，并确定下降方向后，就可以构造求解无约束问题(2-1)的下降算法。

求解无约束问题的下降算法的基本思想是从某个初始点$\boldsymbol{x}^{(0)}$出发，按照使目标函数值下降的原则构造点集$\{\boldsymbol{x}^{(k)}\}$，即点集$\{\boldsymbol{x}^{(k)}\}$满足条件：

$$f[\boldsymbol{x}^{(k+1)}] < f[\boldsymbol{x}^{(k)}],\ \forall k=0,1,\cdots$$

算法的目标是使点集$\{\boldsymbol{x}^{(k)}\}$中的某个点或某个极限点是问题(2-1)的解或稳定点。

设$\boldsymbol{d}^{(k)}$是f在$\boldsymbol{x}^{(k)}$处的一个下降方向且满足：

$$\nabla f[\boldsymbol{x}^{(k)}]^{\mathrm{T}}\boldsymbol{d}^{(k)} < 0$$

当$\alpha>0$且α充分小时，有：

$$f[\boldsymbol{x}^{(k)} + \alpha\boldsymbol{d}^{(k)}] < f[\boldsymbol{x}^{(k)}]$$

可取$\boldsymbol{x}^{(k+1)}=\boldsymbol{x}^{(k)}+\alpha_k\boldsymbol{d}^{(k)}$，其中$\alpha_k>0$使得$f[\boldsymbol{x}^{(k)}+\alpha\boldsymbol{d}^{(k)}]<f[\boldsymbol{x}^{(k)}]$。因此，求解无约束问题(2-1)下降算法的具体步骤如算法2-1所示。

算法 2-1　求解无约束问题的下降算法

Ⅰ给定初始点$\boldsymbol{x}^{(0)}\in R^n$，精度$\varepsilon>0$，令$k=0$。

Ⅱ若$\|\nabla f[\boldsymbol{x}^{(k)}]\|\leqslant\varepsilon$，则终止算法，得到解$\boldsymbol{x}^{(k)}$，退出。

Ⅲ确定下降方向$\boldsymbol{d}^{(k)}$，使$\nabla f[\boldsymbol{x}^{(k)}]^{\mathrm{T}}\boldsymbol{d}^{(k)}<0$。

Ⅳ确定步长$\alpha_k>0$，使$f[\boldsymbol{x}^{(k)}+\alpha_k\boldsymbol{d}^{(k)}]<f[\boldsymbol{x}^{(k)}]$。

Ⅴ令$\boldsymbol{x}^{(k+1)}=\boldsymbol{x}^{(k)}+\alpha_k\boldsymbol{d}^{(k)}$，$k=k+1$，转Ⅱ继续。

算法2-1中的不等式$\|\nabla f[\boldsymbol{x}^{(k)}]\|\leqslant\varepsilon$称为算法的终止准则，精度$\varepsilon$是需要根据实际问题来确定的。算法中的$\alpha_k$称为步长，常采用线性搜索来确定步长。线性搜索有2种方式，即精确线性搜索和非精确线性搜索。

2.1.1 精确线性搜索

如果 $\boldsymbol{d}^{(k)}$ 是 f 在 $\boldsymbol{x}^{(k)}$ 处的一个下降方向且满足 $\nabla f[\boldsymbol{x}^{(k)}]^{\mathrm{T}}\boldsymbol{d}^{(k)}<0$，则精确线性搜索的步长 α_k 可通过求解一维最优化问题：

$$f[\boldsymbol{x}^{(k)}+\alpha_k\boldsymbol{d}^{(k)}]=\min f[\boldsymbol{x}^{(k)}+\alpha\boldsymbol{d}^{(k)}],\ \alpha>0 \tag{2-3}$$

因此精确线性搜索确定的步长 α_k 满足：

$$\varphi'(\alpha_k)=\nabla f[\boldsymbol{x}^{(k)}+\alpha\boldsymbol{d}^{(k)}]^{\mathrm{T}}\boldsymbol{d}^{(k)}=0$$

对于二次函数极小化问题：

$$\min f(\boldsymbol{x})=\frac{1}{2}\boldsymbol{x}^{\mathrm{T}}\boldsymbol{Q}\boldsymbol{x}+\boldsymbol{q}^{\mathrm{T}}\boldsymbol{x}$$

其中，$\boldsymbol{Q}\in R^{n\times n}$ 对称正定，利用条件 $\nabla f[\boldsymbol{x}^{(k)}+\alpha_k\boldsymbol{d}^{(k)}]^{\mathrm{T}}\boldsymbol{d}^{(k)}=0$，可以得到精确线性搜索步长 α_k 的表达式：

$$\alpha_k=-\frac{\nabla f[\boldsymbol{x}^{(k)}]^{\mathrm{T}}\boldsymbol{d}^{(k)}}{\boldsymbol{d}^{(k)\mathrm{T}}\boldsymbol{Q}\boldsymbol{d}^{(k)}} \tag{2-4}$$

但是对于一般非线性函数的极小化问题，难以得到精确线性搜索步长的解析表达式，需要采用数值方法来确定步长。

黄金分割法适用于求一元单峰函数的极小值点问题。设 φ 是定义在闭区间[a, b]上的实值函数，$\bar{\alpha}$ 是 φ 在[a, b]上的极小值点，若对任意的 α_1，$\alpha_2\in$[a, b]，$\alpha_1<\alpha_2$，有：

$$\begin{cases}若\ \alpha_2\leqslant\bar{\alpha},\ \varphi(\alpha_1)>\varphi(\alpha_2)\\ 若\ \bar{\alpha}\leqslant\alpha_1,\ \varphi(\alpha_2)>\varphi(\alpha_1)\end{cases} \tag{2-5}$$

则函数 φ 是[a, b]上的单峰函数，即在极值点左边单调递减，在极值点右边单调递增。

黄金分割法的基本思想是构造闭区间序列 $\{[a_k,\ b_k]\}$ 满足 $\bar{\alpha}\in[a_{k+1},\ b_{k+1}]\subset[a_k,\ b_k]$ 且区间的长度 b_k-a_k 按比例缩小，即 $b_{k+1}-a_{k+1}=\lambda(b_k-a_k)$，$\lambda\in(0,\ 1)$，从而 $b_k-a_k\to0$。由此可得 $a_k\to\bar{\alpha}$，$b_k\to\bar{\alpha}$。算法的实现过程如下：

算法 2-2　黄金分割算法

Ⅰ确定包含极小值点的初始单峰区间 $[a_0,\ b_0]$，精度 $\varepsilon>0$；
　令 $\lambda=0.618$，取 $u_0=b_0-\lambda(b_0-a_0)$，$v_0=a_0+\lambda(b_0-a_0)$，令 $k=0$。

Ⅱ若 $b_k-a_k\leqslant\varepsilon$，则得 $\bar{\alpha}=(a_k+b_k)/2$，退出。

Ⅲ若 $\varphi(u_k)=\varphi(v_k)$，$a_{k+1}=u_k$，$b_{k+1}=v_k$，$k:=0$，转Ⅰ继续。

Ⅳ若 $\varphi(u_k)<\varphi(v_k)$，$a_{k+1}=a_k$，$b_{k+1}=v_k$，$v_{k+1}=u_k$，计算 $u_{k+1}=b_{k+1}+\lambda(b_{k+1}-a_{k+1})$，令 $k=k+1$，转Ⅱ继续。

Ⅴ若 $\varphi(u_k)>\varphi(v_k)$，$a_{k+1}=u_k$，$b_{k+1}=b_k$，$u_{k+1}=v_k$，计算 $v_{k+1}=a_{k+1}+\lambda(b_{k+1}-a_{k+1})$，令 $k=k+1$，转Ⅱ继续。

2.1.2 非精确线性搜索

精确线性搜索要求步长 α_k 取到一元函数 $\varphi(\alpha)=f[\boldsymbol{x}^{(k)}+\alpha\boldsymbol{d}^{(k)}]$ 的最小值点，计算量较大。而非精确线性搜索只要求步长 α_k 使得函数 φ 在点 α_k 处的值 $\varphi(\alpha_k)$ 即 $f[\boldsymbol{x}^{(k)}+\alpha\boldsymbol{d}^{(k)}]$，较

$\varphi(0)$即$f[\boldsymbol{x}^{(k)}]$有一定的下降量，因此在计算上容易实现。常用的非精确线性搜索有 Armijo 型线性搜索、Wolfe-Powell 型线性搜索、Goldstein 型线性搜索和强 Wolfe 型线性搜索等。

(1) Armijo 型线性搜索

给定 $\sigma_1 \in (0, 1/2)$，取 $\alpha_k>0$ 使得：

$$f[\boldsymbol{x}^{(k)}+\alpha_k \boldsymbol{d}^{(k)}] \leqslant f[\boldsymbol{x}^{(k)}]+\sigma_1 \alpha_k \nabla f[\boldsymbol{x}^{(k)}]^{\mathrm{T}} \boldsymbol{d}^{(k)}, \alpha>0 \tag{2-6}$$

利用函数 $\varphi(\alpha)=f[\boldsymbol{x}^{(k)}+\alpha \boldsymbol{d}^{(k)}]$，上式可等价地写为：

$$\varphi(\alpha_k) \leqslant \varphi(0)+\sigma_1 \alpha_k \varphi'(0)$$

由于 $\boldsymbol{d}^{(k)}$ 是 f 在 $\boldsymbol{x}^{(k)}$ 处的下降方向且满足 $\varphi'(0)=\nabla f[\boldsymbol{x}^{(k)}]^{\mathrm{T}} \boldsymbol{d}^{(k)}<0$，可以证明不等式(2-6)对充分小的正数$\alpha_k$ 均成立。为便于计算，一般希望步长α_k 尽可能大。给定 $\beta>0$，$\rho \in (0, 1)$，取步长α_k 为集合$\{\beta\rho^i, i=0, 1, \cdots\}$中使得不等式(2-6)成立的最大者。Armijo 型线性搜索具体实现过程如算法 2-3 所示。

算法 2-3　Armijo 型线性搜索

Ⅰ若 $\alpha_k=1$ 满足(2-6)，则取 $\alpha_k=1$，否则转Ⅱ继续。

Ⅱ给定常数 $\beta>0$，$\rho \in (0, 1)$，令 $\alpha_k=\beta$。

Ⅲ若 α_k 满足(2-6)，则终止计算，得步长 α_k，否则转Ⅳ继续。

Ⅳ令 $\alpha_k=\rho\alpha_k$，转Ⅲ继续。

在 Armijo 型线性搜索中，试探步按比例ρ 缩小。若 $\rho \in (0, 1)$取值较大(如接近 1)，则相邻两次试探步的改变相对较小，需要经过较多次搜索才能得到 α_k。若 $\rho \in (0, 1)$取值较小(如接近 0)，则相邻两次试探步的改变相对较大，经过相对较少的试探步得到 α_k，但获得的步长 α_k 可能很小。

(2) Wolfe-Powell 型线性搜索

给定常数 σ_1、σ_2，满足 $0<\sigma_1<1/2$、$\sigma_1<\sigma_2<1$。取 $\alpha_k>0$ 使得：

$$\begin{cases} f[\boldsymbol{x}^{(k)}+\alpha_k \boldsymbol{d}^{(k)}] \leqslant f[\boldsymbol{x}^{(k)}]+\sigma_1 \alpha_k \nabla f[\boldsymbol{x}^{(k)}]^{\mathrm{T}} \boldsymbol{d}^{(k)} \\ \nabla f[\boldsymbol{x}^{(k)}+\alpha_k \boldsymbol{d}^{(k)}]^{\mathrm{T}} \boldsymbol{d}^{(k)} \geqslant \sigma_2 \nabla f[\boldsymbol{x}^{(k)}]^{\mathrm{T}} \boldsymbol{d}^{(k)} \end{cases} \tag{2-7}$$

利用函数 $\varphi(\alpha)=f[\boldsymbol{x}^{(k)}+\alpha \boldsymbol{d}^{(k)}]$，式(2-7)可表示为：

$$\begin{cases} \varphi(\alpha_k) \leqslant \varphi(0)+\sigma_1 \alpha_k \varphi'(0) \\ \varphi'(\alpha_k) \geqslant \sigma_2 \varphi'(0) \end{cases}$$

若 $\boldsymbol{d}^{(k)}$是f在$\boldsymbol{x}^{(k)}$处的一个下降方向且满足$\nabla f[\boldsymbol{x}^{(k)}]^{\mathrm{T}} \boldsymbol{d}^{(k)}<0$，设$f$在射线$\{\boldsymbol{x}^{(k)}+\alpha \boldsymbol{d}^{(k)} \mid \alpha>0\}$上有下界，则存在区间[a, b]，使得[a, b]中的任何点都满足 Wolfe-Powell 型线性搜索条件(2-7)。

Wolfe-Powell 型线性搜索中的第一个条件就是 Armijo 型线性搜索的条件，而 Wolfe-Powell 型线性搜索中的第二个条件就是限制过小的搜索步长。Wolfe-Powell 型线性搜索具体实现过程如算法 2-4 所示。

算法 2-4 Wolfe-Powell 型线性搜索

Ⅰ若 $\alpha_k=1$ 满足式(2-7)，则取 $\alpha_k=1$，否则转Ⅱ继续。

Ⅱ给定常数 $\beta>0$，ρ，$\rho_1\in(0,1)$，

令 $\alpha_k^{(0)}$ 是集合 $\{\beta\rho^i \mid i=0,\pm1,\pm2,\cdots\}$ 中使得式(2-7)中第一个不等式成立的最大者，令 $i=0$。

Ⅲ若 $\alpha_k^{(i)}$ 满足式(2-7)中的第二个不等式，则终止计算，得步长 $\alpha_k=\alpha_k^{(i)}$，否则 $\beta_k^{(i)}=\rho^{-1}\alpha_k^{(i)}$，转Ⅳ继续。

Ⅳ令 $\alpha_k^{(i+1)}$，是集合 $\{\alpha_k^{(i)}+\rho_1^{(j)}(\beta_k^{(i)}-\alpha_k^{(i)}),\ j=0,1,\cdots\}$ 中使得式(2-7)中第一个不等式成立的最大者，令 $i=i+1$，转Ⅲ继续。

(3) Goldstein 型和强 Wolfe 型线性搜索

Goldstein 型线性搜索的条件为：求$\alpha_k>0$ 满足

$$f[\boldsymbol{x}^{(k)}]+\delta_1\alpha_k\nabla f[\boldsymbol{x}^{(k)}]^{\mathrm{T}}\boldsymbol{d}^{(k)}\leqslant f[\boldsymbol{x}^{(k)}+\alpha_k\boldsymbol{d}^{(k)}]\leqslant f[\boldsymbol{x}^{(k)}]+\delta_2\alpha_k\nabla f[\boldsymbol{x}^{(k)}]^{\mathrm{T}}\boldsymbol{d}^{(k)} \tag{2-8}$$

其中，常数 δ_1 和 δ_2 满足 $0<\delta_2<1/2$，$\delta_2<\delta_1<1$。

强 Wolfe 型线性搜索的条件为：求 $\alpha_k>0$ 满足

$$\begin{cases} f[\boldsymbol{x}^{(k)}+\alpha_k\boldsymbol{d}^{(k)}]\leqslant f[\boldsymbol{x}^{(k)}]+\sigma_1\alpha_k\nabla f[\boldsymbol{x}^{(k)}]^{\mathrm{T}}\boldsymbol{d}^{(k)} \\ |\nabla f[\boldsymbol{x}^{(k)}+\alpha_k\boldsymbol{d}^{(k)}]^{\mathrm{T}}\boldsymbol{d}^{(k)}|\leqslant\sigma_2|\nabla f[\boldsymbol{x}^{(k)}]^{\mathrm{T}}\boldsymbol{d}^{(k)}| \end{cases} \tag{2-9}$$

其中，参数 σ_1，σ_2 满足 $0<\sigma_1<1/2$，$\sigma_1<\sigma_2<1$。若取 $\sigma_2=0$，则有$\nabla f[\boldsymbol{x}^{(k)}+\alpha_k\boldsymbol{d}^{(k)}]^{\mathrm{T}}\boldsymbol{d}^{(k)}=0$。因此，强 Wolfe 型线性搜索可看成是精确线性搜索的一种推广。若f连续可微且$f[\boldsymbol{x}^{(k)}+\alpha\boldsymbol{d}^{(k)}]$在$\alpha>0$ 时有下界，则存在区间[a，b]，使得当$\alpha_k\in$(a，b)时，不等式组(2-8)或(2-9)成立。Goldstein 型和强 Wolfe 型线性搜索可通过类似于 Wolfe-Powell 型线性搜索的方式实现。

2.2 最速下降算法

由于负梯度方向$-\nabla f[\boldsymbol{x}^{(k)}]$是函数$f$在$\boldsymbol{x}^{(k)}$处的下降方向，可令 $\boldsymbol{d}^{(k)}=-\nabla f[\boldsymbol{x}^{(k)}]$，则 $\boldsymbol{d}^{(k)}$是下面问题的解：

$$\min_{p\neq0}\leqslant\frac{\nabla f[\boldsymbol{x}^{(k)}]^{\mathrm{T}}\boldsymbol{p}}{\|\boldsymbol{p}\|}$$

对于任何 $\boldsymbol{p}\in R^n$，$\|\boldsymbol{p}\|=1$，有：

$$\nabla f[\boldsymbol{x}^{(k)}]^{\mathrm{T}}\boldsymbol{p}\geqslant-\|\nabla f[\boldsymbol{x}^{(k)}]\|\,\|\boldsymbol{p}\|=-\|\nabla f[\boldsymbol{x}^{(k)}]\|$$

当 $\boldsymbol{p}=\boldsymbol{d}^{(k)}=-\nabla f[\boldsymbol{x}^{(k)}]/\|\nabla f[\boldsymbol{x}^{(k)}]\|$ 时，上面的不等式成为等式。由于 $\boldsymbol{d}^{(k)}$ 的上述性质，我们可称 $\boldsymbol{d}^{(k)}$ 为函数f在$\boldsymbol{x}^{(k)}$处的最速下降方向，相应的下降算法便是最速下降算法，如算法 2-5 所示。

算法 2-5 最速下降算法

Ⅰ给定初始点 $\boldsymbol{x}^{(0)}\in R^n$，精度 $\varepsilon>0$，令 $k=0$。

Ⅱ若 $\|\nabla f[\boldsymbol{x}^{(k)}]\|\leqslant\varepsilon$，则终止算法，得到解 $\boldsymbol{x}^{(k)}$，否则计算 $\boldsymbol{d}^{(k)}=-\nabla f[\boldsymbol{x}^{(k)}]$，转Ⅲ继续。

Ⅲ由线性搜索确定步长 α_k。

Ⅳ令 $\boldsymbol{x}^{(k+1)}=\boldsymbol{x}^{(k)}+\alpha_k\boldsymbol{d}^{(k)}$，$k=k+1$，转Ⅱ继续。

最速下降方向与 f 的负梯度方向一致。可以证明利用最速下降法求解严格凸二次函数极小化问题的前提是恰好具有线性收敛速度。

设矩阵 $\boldsymbol{Q} \in R^{n\times n}$ 对称正定，$\boldsymbol{q} \in R^{n}$，设 $\lambda_{\max}$ 和 $\lambda_{\min}$ 分别是 $\boldsymbol{Q}$ 的最大和最小特征值，$\kappa = \lambda_{\max}/\lambda_{\min}$，考察如下二次函数极小化问题：

$$\min f(\boldsymbol{x}) = \frac{1}{2}\boldsymbol{x}^{\mathrm{T}}\boldsymbol{Q}\boldsymbol{x} + \boldsymbol{q}^{\mathrm{T}}\boldsymbol{x}$$

设 $\{\boldsymbol{x}^{(k)}\}$ 是采用精确线性搜索的最速下降法求解上述问题时产生的点列，则下面的不等式对所有 $k \geqslant 0$ 成立：

$$\|\boldsymbol{x}^{(k+1)} - \boldsymbol{x}^{*}\|_{Q} \leqslant \left(\frac{\kappa - 1}{\kappa + 1}\right)\|\boldsymbol{x}^{(k)} - \boldsymbol{x}^{*}\|_{Q} \tag{2-10}$$

其中，$\boldsymbol{x}^{*}$ 是问题的唯一解，$\|\boldsymbol{x}\|_{Q} = (\boldsymbol{x}^{\mathrm{T}}\boldsymbol{Q}\boldsymbol{x})^{1/2}$。

因此，若条件数 κ 接近于 1(即 Q 的最大特征值和最小特征值接近时)，最速下降法收敛很快。特别是当 $\boldsymbol{Q}$ 的所有特征值都相等时，算法只需一次迭代便终止于问题的解。但当条件数 κ 较大时(即 $\boldsymbol{Q}$ 近似于病态时)，算法收敛得很慢。

可以看出，最速下降算法本质上是通过梯度来直接求解函数极小化问题的方法。函数的梯度方向是函数值增加最快的方向，其反方向则是函数值下降最快的方向，在此方向上求其极小点后再从此点开始求出函数负梯度方向并求其极小点，如图 2-1 所示，不断重复操作，最终可以求取真正的极小点。

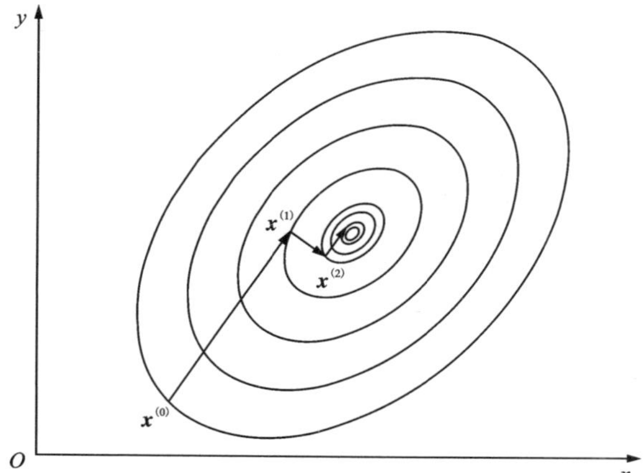

图 2-1　最速下降法

采用最速下降法进行地球物理数据反演时，需要解决两个问题。一个问题是如何求取负梯度方向，这个问题比较容易解决。另一个问题是如何求取负梯度方向上的极小值，按照前述算法思想，主要是通过寻找改正量和不断迭代来接近极小值。设函数 φ 在初始点 $\boldsymbol{x}^{(0)}$ 处的最速下降方向为 $\boldsymbol{\delta}_{\mathrm{t}}$，其梯度方向为 $\boldsymbol{g}$，显然 $\boldsymbol{\delta}_{\mathrm{t}} = -\boldsymbol{g}$。需要沿 $\boldsymbol{\delta}_{\mathrm{t}}$ 方向寻找 $\boldsymbol{x}^{(0)}$ 的改正量 $\boldsymbol{\delta}$，使得 $\varphi[\boldsymbol{x}^{(0)} + \boldsymbol{\delta}]$ 为极小值。可设改正量 $\boldsymbol{\delta}$ 是负梯度值的 λ 倍，即 $\boldsymbol{\delta} = \lambda\boldsymbol{\delta}_{\mathrm{t}}$，则有：

$$\boldsymbol{x}^{(1)} = \boldsymbol{x}^{(0)} + \boldsymbol{\delta} = \boldsymbol{x}^{(0)} - \lambda\,\mathrm{grad}\varphi_{0} \tag{2-11}$$

求出 λ 即可使 φ 取极小值，因此可令：

$$\frac{\mathrm{d}\varphi}{\mathrm{d}\lambda} = 0 \tag{2-12}$$

解出 $\lambda=\lambda_0$。

在地球物理反演中，式(2-12)一般为 λ 的非线性函数，要求得精确解很困难。在 $\lambda\boldsymbol{\delta}_t$ 较小或对其变化的影响要求不太高时，可将 $\varphi[\boldsymbol{x}^{(0)}+\lambda\boldsymbol{\delta}_t]$ 作 Taylor 展开并取一次项，这时 φ 是在 $\boldsymbol{x}^{(0)}$ 点关于 λ 的线性函数。

$$\begin{aligned}\varphi[\boldsymbol{x}^{(0)}+\lambda\boldsymbol{\delta}_t] &\approx \varphi[\boldsymbol{x}^{(0)}]+\sum_{i=1}^{n}\frac{\partial\varphi[\boldsymbol{x}^{(0)}]}{\partial x_i}(\lambda\boldsymbol{\delta}_t)_i \\ &=\varphi[\boldsymbol{x}^{(0)}]+\lambda\boldsymbol{g}^{\mathrm{T}}\boldsymbol{\delta}_t=\varphi[\boldsymbol{x}^{(0)}]+\lambda\boldsymbol{g}^{\mathrm{T}}\boldsymbol{g} \\ &=\varphi[\boldsymbol{x}^{(0)}]-\lambda\,|\mathrm{grad}\varphi_0|^2\end{aligned} \tag{2-13}$$

为使 φ 取极小值，令式右端为零，有：

$$\lambda_0=\frac{\varphi[\boldsymbol{x}^{(0)}]}{|\mathrm{grad}\varphi_0|^2}=\frac{\varphi[\boldsymbol{x}^{(0)}]}{\left(\frac{\partial\varphi_0}{\partial x_1}\right)^2+\left(\frac{\partial\varphi_0}{\partial x_2}\right)^2+\cdots+\left(\frac{\partial\varphi_0}{\partial x_n}\right)^2} \tag{2-14}$$

将 λ_0 代入式(2-11)即可求出第 1 次迭代的修正值 $\boldsymbol{x}^{(1)}$。

$$\boldsymbol{x}^{(1)}=\boldsymbol{x}^{(0)}-\frac{\mathrm{grad}\varphi[\boldsymbol{x}^{(0)}]}{|\mathrm{grad}\varphi_0|^2}\varphi[\boldsymbol{x}^{(0)}]$$

同样可以求取各次迭代的修正值。

【例 2-1】 均匀大地中有 1 个极化球体(为使问题简化，假设电偶极距 K 和极化角度 α 已知，分别为 50 C/m² 和 90°)，在其上方地表一条水平测线的自然电场观测结果为：

X/m	0	2.5	5	7.5	10	12.5	15	17.5	20	22.5
观测值/V	0.0273	0.0418	0.0358	0.0457	0.1003	0.1357	0.1835	0.2493	0.3492	0.4603
X/m	25	27.5	30	32.5	35	37.5	40	42.5	45	47.5
观测值/V	0.5139	0.4660	0.3529	0.2730	0.1829	0.1076	0.1006	0.0515	0.0603	0.0393
X/m	50									
观测值/V	0.0380									

试用最速下降法求极化球体的埋深 z 和水平位置 x_0。

解： 优化目标函数如下

$$\min\varphi(B)=\sum\nolimits_{i=1}^{n}(d_i-f_i)^2 \tag{2-15}$$

式(2-15)中 d_i 即为 21 个观测点的观测数据，f_i 为模型在各观测点的正演计算数据，正演计算公式如下：

$$f_i=K\times\frac{(x_i-x_0)\times\cos\alpha+z\times\sin\alpha}{[(x_i-x_0)^2+z^2]^{\frac{3}{2}}} \tag{2-16}$$

式(2-16)中 x_i 为各观测点的 x 坐标值，由于电偶极距 K 和极化角度 α 分别为 50 C/m² 和 90°，进一步简化为：

$$f_i=\frac{50z}{[(x_i-x_0)^2+z^2]^{\frac{3}{2}}} \tag{2-17}$$

此时，目标函数具体可写为：

$$\varphi(z,\ x_0)=\sum_{i=1}^{n}\left\{d_i-\frac{50z}{\left[(x_i-x_0)^2+z^2\right]^{\frac{3}{2}}}\right\}^2 \tag{2-18}$$

可给定初始模型 $\boldsymbol{x}_0=(20,\ 15)$，根据公式(2-14)计算 $\lambda_0=419.8360$，获得第 1 次修正后的模型 $\boldsymbol{x}_1=\boldsymbol{x}_0-\lambda_0\mathrm{grad}\varphi_0=(27.0286,\ 9.4549)$。

同理，计算出第 2 次修正后的模型 $\boldsymbol{x}_2=(25.8124,\ 10.6540)$。

……

第 4 次迭代后的模型 $\boldsymbol{x}_4=(25.2109,\ 10.1291)$，这时迭代结果已经非常接近真实模型(25 m，10 m)了，但由于数据含噪及最速下降法在极值点附近收敛慢，结果仍不稳定。

具体迭代计算过程中的数值结果如表 2-1 所示。反演计算结果与观测数据拟合情况，以及拟合差收敛情况如图 2-2 所示。

表 2-1　最速下降法的数值迭代结果

迭代次数	x_0/m	h/m	拟合差	梯度模量
1	27.0286	9.4549	0.0586	0.0343
2	25.8124	10.6540	0.0212	0.0182
3	25.3639	9.5746	0.0076	0.0133
4	25.2109	10.1291	0.0037	0.0059
5	25.0614	9.5217	0.0081	0.0149
6	25.0708	10.0662	0.0029	0.0041
7	25.0891	9.3498	0.0145	0.0227
8	25.0864	9.9910	0.0025	0.0019
9	25.0395	8.6861	0.0699	0.0641
10	25.0514	9.7764	0.0031	0.0051

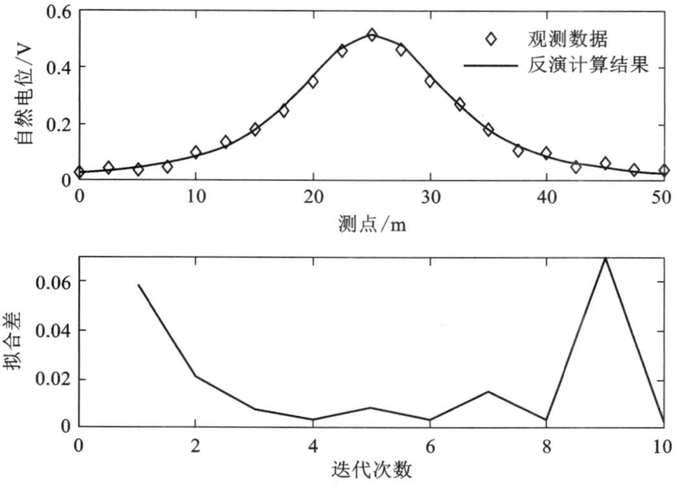

图 2-2　反演拟合曲线及目标函数收敛曲线

利用最速下降法求极化球体模型参数的具体 Matlab 程序代码如程序 2-1～程序 2-3 所示，其中程序 2-1 为主程序。

程序 2-1　最速下降法反演主程序

```
clc;
clear all;
close all;
data = load('shsp.mat');                 % 读取待反演的观测数据
x =data.X;                               % 测点点位
data =data.SPobs;
initial_guess = [20, 15];                % 初始值
params =initial_guess;
[grad_x0, grad_h] = compute_gradients(x, params(1), params(2));
J = [grad_x0; grad_h];
res =generate_data(x, params(1), params(2))-data;
error = res * res';
grad = J * res';
lamda = error/(grad' * grad);
itmax = 10;                              % 最大迭代次数
fori = 1: itmax
    params = params-lamda * grad;    % 更新模型参数
    [grad_x0, grad_h] = compute_gradients(x, params(1), params(2));      % 更新变量
    res =generate_data(x, params(1), params(2))-data;
    J = [grad_x0; grad_h];
    J = J';
    grad = J' * res';
tt = norm(grad);
    error = res * res';
lamda = error/(grad' * grad);
    %存储每次迭代的结果
    history(i, 1) = params(1);
    history(i, 2) = params(2);
    history(i, 3) = error;
    history(i, 4) = tt;
    iftt<10e-5
        break
    end
end
SPinv = generate_data(x, params(1), params(2));    % 计算反演结果的预测数据
fit_series = history(:, 3);                        % 保存目标函数值(拟合差)
%绘制反演拟合曲线及目标函数收敛曲线
figure(1)
subplot(2, 1, 1)
plot(x, data, 'd', 'color', 'k', 'MarkerSize', 5);
```

续程序 2-1

```
hold on
plot(x, SPinv, 'color', 'k', 'LineWidth', 1);
ylabel('SP (V)', 'fontsize', 12);
xlabel('Location (m)', 'fontsize', 12);
o=legend('\fontsize{12} \it Observed', '\fontsize{12} \it Inversion', 'location', 'northeast');
set(o, 'box', 'off');
set(gca, 'fontsize', 12);
box on
hold off
subplot(2, 1, 2)
plot(1:length(fit_series), fit_series, 'color', 'k', 'LineWidth', 1);
ylabel('Objective', 'fontsize', 12);
xlabel('Iterations', 'fontsize', 12);
set(o, 'box', 'off');
set(gca, 'fontsize', 12);
```

程序 2-2 式(2-17)所示的简化后的极化球体正演函数

```
function data =generate_data(x, x0, h)
    data = zeros(size(x));
    fori = 1:length(x)
        data(i) = 50*((x(i)-x0)*cosd(90)+h*sind(90))/((x(i)-x0)^2+h^2)^(1.5);
    end
end
```

程序 2-3 式(2-17)对反演参数的一阶导函数

```
function [grad_x0, grad_h] = compute_gradients(x, x0, h)
    D = (x-x0).^2+h^2;
    grad_x0 = 150*h.*(x-x0)./(D.^2.5);
    grad_h = 50*((x-x0).^2-2*h.^2)./(D.^2.5);
end
```

第 3 章 牛顿法与高斯-牛顿法

牛顿法的基本思想是先采用多项式函数来逼近给定的函数值，然后求出极小点的估计值，重复操作，直到达到一定精度为止。牛顿法将目标函数在 $\boldsymbol{x}$ 处进行二阶 Taylor 展开：

$$\| f(\boldsymbol{x}+\Delta\boldsymbol{x}) \|_2^2 \approx \| f(\boldsymbol{x}) \|_2^2 + \boldsymbol{J}(\boldsymbol{x})\Delta\boldsymbol{x} + \frac{1}{2}\Delta\boldsymbol{x}^{\mathrm{T}}\boldsymbol{H}(\boldsymbol{x})\Delta\boldsymbol{x}$$

其中，$\boldsymbol{J}(\boldsymbol{x})$ 为 Jacobian 矩阵(一阶导数)，$\boldsymbol{H}(\boldsymbol{x})$ 是 Hessian 矩阵(二阶导数)。对修正量 $\Delta\boldsymbol{x}$ 求导并令其为 0，可以得到：

$$\Delta\boldsymbol{x} = -\boldsymbol{H}(\boldsymbol{x})^{-1}\boldsymbol{J}(\boldsymbol{x})^{\mathrm{T}}$$

与最速下降算法类似，用这个修正量来迭代优化，最终可以收敛到目标函数的极值点，这就是牛顿法的主要过程。不难看出，牛顿法本质上是二阶收敛的，而最速下降法是一阶收敛，所以牛顿法收敛得更快。但由于牛顿法需要计算 Hessian 矩阵，高维 Hessian 矩阵计算量巨大，很多时候甚至无法计算。因此在牛顿法的基础上进一步改进，提出了高斯-牛顿法。

高斯-牛顿法用 Jacobian 矩阵的乘积近似代替 Hessian 矩阵，可以避免直接计算 Hessian 矩阵，提高了计算效率和算法的适用性。牛顿法中要求 Hessian 矩阵可逆且正定，而高斯-牛顿法中用来近似 Hessian 矩阵的 Jacobian 矩阵乘积可能是奇异矩阵或是病态的，会导致不收敛。另外由于 Taylor 展开只是在很小范围内的近似，高斯-牛顿法计算的修正量步长较大时，这一近似会存在较大误差，同样也会导致算法不收敛。

Levenberg-Marquardt(LM)法在一定程度上修正了高斯-牛顿法的缺点，通过牺牲一定的收敛速度提高了算法的鲁棒性。

3.1 牛顿法

设函数 $f(\boldsymbol{x})$ 二次连续可微，且对任意 $\boldsymbol{x}\in R^n$，$\nabla^2 f(\boldsymbol{x})$ 正定，则

$$\boldsymbol{d}^{(k)} = -\nabla^2 f[\boldsymbol{x}^{(k)}]^{-1}\nabla f[\boldsymbol{x}^{(k)}] \tag{3-1}$$

是函数 f 在 $\boldsymbol{x}^{(k)}$ 处的下降方向，该方向称为牛顿(Newton)方向，它是 f 在 $\boldsymbol{x}^{(k)}$ 处的二次近似式

$$f[\boldsymbol{x}^{(k)}] + \nabla f[\boldsymbol{x}^{(k)}]^{\mathrm{T}}\boldsymbol{s} + \frac{1}{2}\boldsymbol{s}^{\mathrm{T}}\nabla^2 f[\boldsymbol{x}^{(k)}]\boldsymbol{s} \approx f[\boldsymbol{x}^{(k)}+\boldsymbol{s}] \tag{3-2}$$

的最小值点。Newton 方向也可看成是在范数 $\|\cdot\|_{\nabla^2 f[\boldsymbol{x}^{(k)}]}$ 下的最速下降方向，即式(3-1)是极小化问题

$$\min_{\boldsymbol{d}\in R^n,\ \boldsymbol{d}\neq 0} \frac{\nabla f[\boldsymbol{x}^{(k)}]^{\mathrm{T}}\boldsymbol{d}}{\|\boldsymbol{d}\|_{G_k}} \tag{3-3}$$

的解，其中，$\boldsymbol{G}_k = \nabla^2 f[\boldsymbol{x}^{(k)}]$。

求解无约束问题的 Newton 法如算法 3-1 所示：

算法 3-1 求解无约束问题的牛顿法

Ⅰ给定初始点 $\boldsymbol{x}^{(0)} \in R^n$，精度 $\varepsilon>0$，令 $k=0$。

Ⅱ若 $\|\nabla f(\boldsymbol{x}^{(k)})\| \leqslant \varepsilon$，则终止算法，得到解 $\boldsymbol{x}^{(k)}$。否则，解线性方程组 $\nabla^2 f(\boldsymbol{x}^{(k)})\boldsymbol{d}+\nabla f(\boldsymbol{x}^{(k)})=0$ 得解 $\boldsymbol{d}^{(k)}$。

Ⅲ由线性搜索确定步长 α_k。

Ⅳ令 $\boldsymbol{x}^{(k+1)}=\boldsymbol{x}^{(k)}+\alpha_k \boldsymbol{d}^{(k)}$，$k=k+1$，转Ⅱ继续。

Newton 法的主要优点之一是具有二次收敛性。但该算法要求对所有的 k，$\nabla^2 f(\boldsymbol{x}^{(k)})$ 正定。否则，不能保证 Newton 方向 $\boldsymbol{d}^{(k)}$ 是 f 在 $\boldsymbol{x}^{(k)}$ 处的下降方向。因此，算法 3-1 只适用于求解严格凸函数的极小值点。为克服 Newton 法的这一缺陷，可采用修正 Newton 法。修正 Newton 法采用矩阵 $\boldsymbol{A}_k \triangleq \nabla^2 f(\boldsymbol{x}^{(k)})+v_k \boldsymbol{I}$ 代替 $\nabla^2 f(\boldsymbol{x}^{(k)})$ 求解线性方程组，其中 $I \in R^{n\times n}$ 是单位矩阵，参数 $v_k>0$ 使得矩阵 $\boldsymbol{A}_k$ 正定。修正 Newton 法的具体步骤与算法 3-1 的唯一不同之处在于确定 $\boldsymbol{d}^{(k)}$ 的线性方程组，具体步骤如算法 3-2 所示。

算法 3-2 修正牛顿法

Ⅰ给定初始点 $\boldsymbol{x}^{(0)} \in R^n$，精度 $\varepsilon>0$，令 $k=0$。

Ⅱ若 $\|\nabla f[\boldsymbol{x}^{(k)}]\| \leqslant \varepsilon$，则终止算法，得到解 $\boldsymbol{x}^{(k)}$。否则，解线性方程组 $\boldsymbol{A}_k \boldsymbol{d}+\nabla f[\boldsymbol{x}^{(k)}]=0$ 得解 $\boldsymbol{d}^{(k)}$。

Ⅲ由线性搜索确定步长 α_k。

Ⅳ令 $\boldsymbol{x}^{(k+1)}=\boldsymbol{x}^{(k)}+\alpha_k \boldsymbol{d}^{(k)}$，$k=k+1$，转Ⅱ继续。

修正 Newton 法克服了 Newton 法要求 $\nabla^2 f(\boldsymbol{x}^{(k)})$ 正定的缺陷。克服 Newton 法这种缺陷的另一种方法是结合 Newton 法和最速下降法构造 Newton-最速下降混合型算法。该算法的基本思想是当 Newton 方向不存在(如 $\nabla^2 f[\boldsymbol{x}^{(k)}]$ 奇异)或 Newton 方向存在但不是 f 在 $\boldsymbol{x}^{(k)}$ 处的下降方向(如 $\nabla^2 f[\boldsymbol{x}^{(k)}]$ 不正定)时，采用最速下降方向取代 Newton 方向，具体算法步骤如算法 3-3 所示：

算法 3-3 牛顿-最速下降算法

Ⅰ给定初始点 $\boldsymbol{x}^{(0)} \in R^n$，精度 $\varepsilon>0$，令 $k=0$。

Ⅱ若 $\|\nabla f(\boldsymbol{x}^{(k)})\| \leqslant \varepsilon$，则终止算法，得到解 $\boldsymbol{x}^{(k)}$。否则，解线性方程组 $\nabla^2 f[\boldsymbol{x}^{(k)}]\boldsymbol{d}+\nabla f[\boldsymbol{x}^{(k)}]=0$，若方程组有解 $\boldsymbol{d}^{(k)}$ 且 $\boldsymbol{d}^{(k)\mathrm{T}} \nabla f[\boldsymbol{x}^{(k)}]<0$，直接转Ⅲ继续，否则令 $\boldsymbol{d}^{(k)}=-\nabla f[\boldsymbol{x}^{(k)}]$ 再转Ⅲ继续。

Ⅲ由线性搜索确定步长 α_k。

Ⅳ令 $\boldsymbol{x}^{(k+1)}=\boldsymbol{x}^{(k)}+\alpha_k \boldsymbol{d}^{(k)}$，$k=k+1$，转Ⅱ继续。

下面试用牛顿法求解例 2-1。

由于牛顿法求解最优问题时要求海森矩阵正定，而在本例中海森矩阵计算结果非正定，故选择牛顿最速下降法进行反演，但在反演过程中发现海森矩阵均为奇异矩阵，故实际的下降方向均为最速下降方向。为节省计算次数，本例步长设置为 0.02。

具体迭代计算过程中各数值结果如表 3-1 所示。反演计算结果与观测数据拟合情况，以及拟合差收敛情况如图 3-1 所示。

表 3-1　牛顿-最速下降法的数值迭代结果

迭代次数	x_0/m	h /m	拟合差	梯度模量
1	20.8371	18.7441	0.5459	0.0237
2	21.2191	17.6250	0.4870	0.0262
3	21.6409	16.3832	0.4143	0.0292
4	22.1113	15.0008	0.3243	0.0323
5	22.6407	13.4750	0.2161	0.0343
6	23.2360	11.8683	0.1017	0.0311
7	23.8806	10.4538	0.0242	0.0167
8	24.4741	9.8679	0.0067	0.0075
9	24.8251	9.9941	0.0032	0.0034
10	24.9685	9.9001	0.0025	0.0016
11	25.0331	9.9471	0.0024	0.0008
12	25.0600	9.9195	0.0024	0.0004
13	25.0718	9.9347	0.0023	0.0002
14	25.0768	9.9261	0.0023	0.0001
15	25.0790	9.9309	0.0023	5.72×10^{-5}

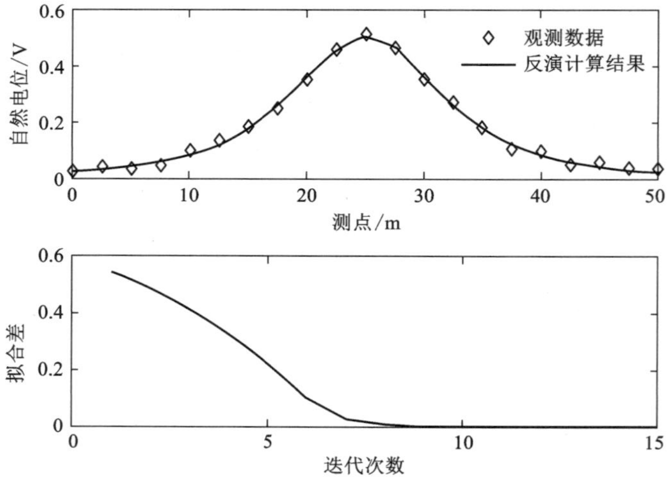

图 3-1　反演拟合曲线及目标函数收敛曲线

牛顿-最速下降法求极化球体模型参数的具体 Matlab 程序代码如程序 3-1、程序 3-2 所示，其中程序 3-1 为主程序。

程序 3-1　牛顿-最速下降法反演主程序

```
clc;
clear all;
close all;
data = load('shsp.mat');          % 读取待反演的观测数据
x =data.X;                        % 测点点位
data =data.SPobs;
initial_guess = [20, 15];         % 初始值
params =initial_guess;
res =generate_data(x, params(1), params(2))-data;
[grad_x0, grad_h] = compute_gradients(x, params(1), params(2));
J = [grad_x0; grad_h];
grad = J * res';
itmax=20;                       % 最大迭代次数
fori=1: itmax
    %计算海森矩阵
    [fx02 fx0h fh2]  = second_gradients(x, params(1), params(2));
    H11 = sum(grad_x0.^2+res. * fx02);
    H12 = sum(grad_x0. * grad_h+res. * fx0h);
    H21 = H12;
    H22 = sum(grad_h. * 2+res. * fh2);
    H = [H11, H12; H21, H22];
    try
        L =chol(H);
        isPositiveDefinite = true;
    catch
        isPositiveDefinite = false;
    end
    if ~isPositiveDefinite
        H =eye(2);
    end
    params = params-0.02 * H\grad;                          % 更新模型参数
    res =generate_data(x, params(1), params(2))-data;      % 更新变量
    error = res * res';
    [grad_x0, grad_h] = compute_gradients(x, params(1), params(2));
    J = [grad_x0; grad_h];
    grad = J * res';
    tt = norm(grad);
    %存储每次迭代的结果
    history(i, 1) = params(1);
    history(i, 2) = params(2);
    history(i, 3) = error;
    history(i, 4) = tt;
```

续程序 3-1

```
        if norm(grad)<10e-5
            break
        end
    end
    SPinv = generate_data(x, params(1), params(2));
    fit_series = history(:, 3);
```

程序 3-2 (2-17)式对反演参数的二阶导函数

```
function [fx02 fx0h fh2] =second_gradients(x, x0, h)
    D = (x-x0).^2+h^2;
    fx02 = 60 * h * ((4 * (x-x0).^2)-h^2)./(D.^3.5);
    fx0h = 60 * ((x-x0).^2-4 * h^2). * (x-x0)./(D.^3.5);
    fh2 = 60 * h * (2 * h^3-3. * (x-x0).^2)./(D.^3.5);
end
```

3.2 拟牛顿法

Newton 法具有二次收敛性，但当$\nabla^2 f[\boldsymbol{x}^{(k)}]$不正定时，算法产生的方向不能保证是$f$在$\boldsymbol{x}^{(k)}$处的下降方向。特别当$\nabla^2 f[\boldsymbol{x}^{(k)}]$奇异时，可能导致问题无解，即 Newton 方向可能不存在。修正 Newton 法虽然可解决这一问题，但修正 Newton 法的参数 $v_k>0$ 的选取十分重要。若参数 v_k 过小，相应的修正 Newton 方向仍不能保证是f在$\boldsymbol{x}^{(k)}$处的下降方向。而参数 v_k 太大，则会影响收敛速度。另外 Newton 法及其修正形式都需要计算函数f的二阶导数。拟 Newton 法可克服 Newton 法的这些缺陷，且算法在一定的条件下具有较快的收敛速度。

拟 Newton 法的基本思想是在 Newton 法的基础上用$\nabla^2 f[\boldsymbol{x}^{(k)}]$的某个近似矩阵$\boldsymbol{B}_k$ 取代$\nabla^2 f[\boldsymbol{x}^{(k)}]$。矩阵$\boldsymbol{B}_k$ 具有如下特点：

(1)在某种意义下有$\boldsymbol{B}_k \approx \nabla^2 f[\boldsymbol{x}^{(k)}]$，使相应的算法产生的方向(称为拟 Newton 方向)是 Newton 方向的近似，以保证算法具有较快的收敛速度。

(2)对所有的 k，$\boldsymbol{B}_k$ 对称正定，从而使得算法产生的方向是函数f在$\boldsymbol{x}^{(k)}$处的下降方向。

(3)矩阵$\boldsymbol{B}_k$ 容易计算。

假设f二次连续可微，利用多元函数 Taylor 展开可得如下近似式：

$$\nabla f[\boldsymbol{x}^{(k)}] \approx \nabla f[\boldsymbol{x}^{(k+1)}] - \nabla^2 f[\boldsymbol{x}^{(k+1)}][\boldsymbol{x}^{(k+1)} - \boldsymbol{x}^{(k)}] \tag{3-4}$$

因此，使$\boldsymbol{B}_k$ 近似于$\nabla^2 f[\boldsymbol{x}^{(k)}]$的一种合理的取法是：用$\boldsymbol{B}_{k+1}$ 取代$\nabla^2 f[\boldsymbol{x}^{(k+1)}]$时，上面的近似式成为等式，即$\boldsymbol{B}_{k+1}$ 满足方程：

$$\boldsymbol{B}_{k+1}\boldsymbol{s}^{(k)} = \boldsymbol{y}^{(k)} \tag{3-5}$$

其中，$\boldsymbol{s}^{(k)} = \boldsymbol{x}(k+1) - \boldsymbol{x}(k)$，$\boldsymbol{y}^{(k)} = \nabla f[\boldsymbol{x}^{(k+1)}] - \nabla f[\boldsymbol{x}^{(k)}]$。方程(3-5)称为拟 Newton 方程或割线方程。若令$\boldsymbol{H}_{k+1} = \boldsymbol{B}_{k+1}^{-1}$，则拟 Newton 方程(3-5)可等价地写成：

$$\boldsymbol{H}_{k+1}\boldsymbol{y}^{(k)} = \boldsymbol{s}^{(k)} \tag{3-6}$$

因为$s^{(k)}=x^{(k+1)}-x^{(k)}=\alpha_k d^{(k)}$，拟 Newton 方程表明矩阵$B_{k+1}$与$\nabla^2 f[x^{(k+1)}]$沿方向$d^{(k)}$近似相等。所以拟 Newton 方向是 Newton 方向在某种意义上的一个近似。可以证明拟 Newton 法具有超线性收敛性。

一般情况下满足拟 Newton 方程(3-5)的矩阵B_{k+1}有很多，确定B_{k+1}的一个重要原则就是使其在计算上容易实现。现有的拟 Newton 法均通过对B_k进行低秩修正来产生B_{k+1}，即：

$$B_{k+1}=B_k+\Delta_k \tag{3-7}$$

其中，矩阵Δ_k是秩为 1 或 2 的矩阵，常用的拟 Newton 修正方式有对称秩 1(SR1)修正、BFGS(Broyden-Fletcher-Goldfarb-Shanno)修正以及 DFP(Davidon-Fletcher-Powell)修正。

3.2.1　SR1 修正

在式(3-7)中取Δ_k为秩为 1 的对称矩阵，即令$\Delta_k=\beta_k u^{(k)}u^{(k)\mathrm{T}}$，其中$\beta_k\in R$，$u^{(k)}\in R^n$。由拟 Newton 方程(3-5)可得：

$$[B_k+\beta_k u^{(k)}u^{(k)\mathrm{T}}]s^{(k)}=y^{(k)} \tag{3-8}$$

即：

$$\beta_k[u^{(k)\mathrm{T}}s^{(k)}]u^{(k)}=y^{(k)}-B_k s^{(k)} \tag{3-9}$$

式(3-9)说明向量$u^{(k)}$平行于$y^{(k)}-B_k s^{(k)}$，即存在γ_k使得$u^{(k)}=\gamma_k[y^{(k)}-B_k s^{(k)}]$，或：

$$\Delta_k=\beta_k\gamma_k^2[y^{(k)}-B_k s^{(k)}][y^{(k)}-B_k s^{(k)}]^\mathrm{T} \tag{3-10}$$

所以有：

$$\{\beta_k\gamma_k^2[y^{(k)}-B_k s^{(k)}]^\mathrm{T}s^{(k)}-1\}[y^{(k)}-B_k s^{(k)}]=0 \tag{3-11}$$

若$[y^{(k)}-B_k s^{(k)}]^\mathrm{T}s^{(k)}\neq 0$，则有：

$$\beta_k\gamma_k^2=\frac{1}{[y^{(k)}-B_k s^{(k)}]^\mathrm{T}s^{(k)}} \tag{3-12}$$

$$\Delta_k=\frac{[y^{(k)}-B_k s^{(k)}][y^{(k)}-B_k s^{(k)}]^\mathrm{T}}{[y^{(k)}-B_k s^{(k)}]^\mathrm{T}s^{(k)}} \tag{3-13}$$

故得如下对称秩 1 修正公式：

$$B_{k+1}=B_k+\frac{[y^{(k)}-B_k s^{(k)}][y^{(k)}-B_k s^{(k)}]^\mathrm{T}}{[y^{(k)}-B_k s^{(k)}]^\mathrm{T}s^{(k)}} \tag{3-14}$$

类似地，利用式(3-6)对H_k进行对称秩 1 修正，可得如下关于H_k的对称秩 1 修正公式：

$$H_{k+1}=H_k+\frac{[s^{(k)}-H_k y^{(k)}][s^{(k)}-H_k y^{(k)}]^\mathrm{T}}{[s^{(k)}-H_k y^{(k)}]^\mathrm{T}y^{(k)}} \tag{3-15}$$

3.2.2　BFGS 修正

在式(3-7)中取Δ_k为秩为 2 的对称矩阵，即令$\Delta_k=a_k u^{(k)}u^{(k)\mathrm{T}}+b_k v^{(k)}v^{(k)\mathrm{T}}$，其中$a_k$，$b_k$是待定实数，$u^{(k)}$，$v^{(k)}\in R^n$是待定向量。由拟 Newton 方程(3-5)有：

$$B_k s^{(k)}+a_k[u^{(k)\mathrm{T}}s^{(k)}]u^{(k)}+b_k[v^{(k)\mathrm{T}}s^{(k)}]v^{(k)}=y^{(k)} \tag{3-16}$$

或等价为：

$$a_k[u^{(k)\mathrm{T}}s^{(k)}]u^{(k)}+b_k[v^{(k)\mathrm{T}}s^{(k)}]v^{(k)}=y^{(k)}-B_k s^{(k)} \tag{3-17}$$

不难发现，满足上式的向量 $\boldsymbol{u}^{(k)}$ 和 $\boldsymbol{v}^{(k)}$ 不唯一。取 $\boldsymbol{u}^{(k)}$ 和 $\boldsymbol{v}^{(k)}$ 分别平行于 $\boldsymbol{B}_k\boldsymbol{s}^{(k)}$ 和 $\boldsymbol{y}^{(k)}$，即令 $\boldsymbol{u}^{(k)}=\beta_k\boldsymbol{B}_k\boldsymbol{s}^{(k)}$，$\boldsymbol{v}^{(k)}=\gamma_k\boldsymbol{y}^{(k)}$，其中 β_k 与 γ_k 是待定参数，则有：

$$\Delta_k=a_k\beta_k^{\ 2}\boldsymbol{B}_k\boldsymbol{s}^{(k)}\boldsymbol{s}^{(k)\mathrm{T}}\boldsymbol{B}_k+b_k\gamma_k^{\ 2}\boldsymbol{y}^{(k)}\boldsymbol{y}^{(k)\mathrm{T}} \tag{3-18}$$

即：

$$\{a_k\beta_k^{\ 2}[\boldsymbol{s}^{(k)\mathrm{T}}\boldsymbol{B}_k\boldsymbol{s}^{(k)}]+1\}\boldsymbol{B}_k\boldsymbol{s}^{(k)}+\{b_k\gamma_k^{\ 2}[\boldsymbol{y}^{(k)\mathrm{T}}\boldsymbol{s}^{(k)}]-1\}\boldsymbol{y}^{(k)}=0 \tag{3-19}$$

若向量 $\boldsymbol{y}^{(k)}$ 与 $\boldsymbol{B}_k\boldsymbol{s}^{(k)}$ 不平行，则有：

$$a_k\beta_k^{\ 2}=-\frac{1}{\boldsymbol{s}^{(k)\mathrm{T}}\boldsymbol{B}_k\boldsymbol{s}^{(k)}} \tag{3-20}$$

$$b_k\gamma_k^{\ 2}=\frac{1}{\boldsymbol{y}^{(k)\mathrm{T}}\boldsymbol{s}^{(k)}} \tag{3-21}$$

从而有：

$$\Delta_k=-\frac{\boldsymbol{B}_k\boldsymbol{s}^{(k)}\boldsymbol{s}^{(k)\mathrm{T}}\boldsymbol{B}_k}{\boldsymbol{s}^{(k)\mathrm{T}}\boldsymbol{B}_k\boldsymbol{s}^{(k)}}+\frac{\boldsymbol{y}^{(k)}\boldsymbol{y}^{(k)\mathrm{T}}}{\boldsymbol{y}^{(k)\mathrm{T}}\boldsymbol{s}^{(k)}} \tag{3-22}$$

故得如下秩 2 修正公式：

$$\boldsymbol{B}_{k+1}=\boldsymbol{B}_k-\frac{\boldsymbol{B}_k\boldsymbol{s}^{(k)}\boldsymbol{s}^{(k)\mathrm{T}}\boldsymbol{B}_k}{\boldsymbol{s}^{(k)\mathrm{T}}\boldsymbol{B}_k\boldsymbol{s}^{(k)}}+\frac{\boldsymbol{y}^{(k)}\boldsymbol{y}^{(k)\mathrm{T}}}{\boldsymbol{y}^{(k)\mathrm{T}}\boldsymbol{s}^{(k)}} \tag{3-23}$$

式(3-23)称为 BFGS 修正公式，显然，若 $\boldsymbol{B}_k$ 对称，则 $\boldsymbol{B}_{k+1}$ 也对称。若 $\boldsymbol{B}_k$ 对称正定，则当且仅当 $\boldsymbol{y}^{(k)\mathrm{T}}\boldsymbol{s}^{(k)}>0$ 时 $\boldsymbol{B}_{k+1}$ 对称正定。这就说明若初始矩阵 $\boldsymbol{B}_0$ 对称正定，且在迭代时保证 $\boldsymbol{y}^{(k)\mathrm{T}}\boldsymbol{s}^{(k)}>0(\forall k\geqslant 0)$，则由修正公式(3-23)产生的矩阵序列$\{\boldsymbol{B}_k\}$是对称正定矩阵序列。从而对所有的 k，方程组 $\boldsymbol{B}_k\boldsymbol{d}+\nabla f[\boldsymbol{x}^{(k)}]=0$，有唯一解 $\boldsymbol{d}^{(k)}$，并且 $\boldsymbol{d}^{(k)}$ 是 f 在 $\boldsymbol{x}^{(k)}$ 处的下降方向。

若在 BFGS 算法中采用精确线性搜索或 Wolfe-Powell 型线性搜索，只要 $\boldsymbol{B}_0$ 对称正定，则由算法产生的矩阵序列$\{\boldsymbol{B}_k\}$是对称正定矩阵序列。而且当 BFGS 算法用于求解一致凸函数的极小值问题时，只要 $\boldsymbol{B}_0$ 对称正定，不论采用何种线性搜索，算法产生的矩阵序列$\{\boldsymbol{B}_k\}$都是对称正定矩阵序列。

BFGS 算法具体步骤如算法 3-4 所示：

算法 3-4　BFGS 算法

Ⅰ给定初始点 $\boldsymbol{x}^{(0)}\in R^n$，初始对称正定矩阵 $B_0\in R^{n\times n}$，精度 $\varepsilon>0$，令 $k=0$。

Ⅱ若 $\|\nabla f(\boldsymbol{x}^{(k)})\|\leqslant\varepsilon$，则终止算法，得到解 $\boldsymbol{x}^{(k)}$。

Ⅲ解线性方程组 $\boldsymbol{B}_k\boldsymbol{d}+\nabla f[\boldsymbol{x}^{(k)}]=0$，得解 $\boldsymbol{d}^{(k)}$。

Ⅳ由线性搜索确定步长 α_k。

Ⅴ令 $\boldsymbol{x}^{(k+1)}=\boldsymbol{x}^{(k)}+\alpha_k\boldsymbol{d}^{(k)}$，若 $\|\nabla f[\boldsymbol{x}^{(k+1)}]\|\leqslant\varepsilon$，则得到解 $\boldsymbol{x}^{(k+1)}$，否则由 BFGS 修正公式计算 $\boldsymbol{B}_{k+1}$。

Ⅵ令 $k=k+1$，转Ⅲ继续。

3.2.3　DFP 修正

DFP(Davidon-Fletcher-Powell)属于秩 2 修正，其修正公式如下：

$$\boldsymbol{B}_{k+1}=\left[\boldsymbol{I}-\frac{\boldsymbol{y}^{(k)}\boldsymbol{s}^{(k)\mathrm{T}}}{\boldsymbol{y}^{(k)\mathrm{T}}\boldsymbol{s}^{(k)}}\right]\boldsymbol{B}_k\left[\boldsymbol{I}-\frac{\boldsymbol{y}^{(k)}\boldsymbol{s}^{(k)\mathrm{T}}}{\boldsymbol{y}^{(k)\mathrm{T}}\boldsymbol{s}^{(k)}}\right]^{\mathrm{T}}+\frac{\boldsymbol{y}^{(k)}\boldsymbol{y}^{(k)\mathrm{T}}}{\boldsymbol{y}^{(k)\mathrm{T}}\boldsymbol{s}^{(k)}}$$

$$=\boldsymbol{B}_k+\frac{[\boldsymbol{y}^{(k)}-\boldsymbol{B}_k\boldsymbol{s}^{(k)}]\boldsymbol{y}^{(k)\mathrm{T}}+\boldsymbol{y}^{(k)}[\boldsymbol{y}^{(k)}-\boldsymbol{B}_k\boldsymbol{s}^{(k)}]^{\mathrm{T}}}{\boldsymbol{y}^{(k)\mathrm{T}}\boldsymbol{s}^{(k)}}-\frac{[\boldsymbol{y}^{(k)}-\boldsymbol{B}_k\boldsymbol{s}^{(k)}]^{\mathrm{T}}\boldsymbol{s}^{(k)}}{[\boldsymbol{y}^{(k)\mathrm{T}}\boldsymbol{s}^{(k)}]^2}\boldsymbol{y}^{(k)}\boldsymbol{y}^{(k)\mathrm{T}} \tag{3-24}$$

其逆修正公式为：

$$\boldsymbol{H}_{k+1}=\boldsymbol{H}_k-\frac{\boldsymbol{H}_k\boldsymbol{y}^{(k)}\boldsymbol{y}^{(k)\mathrm{T}}\boldsymbol{H}_k}{\boldsymbol{y}^{(k)\mathrm{T}}\boldsymbol{H}_k\boldsymbol{y}^{(k)}}+\frac{\boldsymbol{s}^{(k)}\boldsymbol{s}^{(k)\mathrm{T}}}{\boldsymbol{y}^{(k)\mathrm{T}}\boldsymbol{s}^{(k)}} \tag{3-25}$$

若将算法 3-4 中步骤Ⅴ的修正公式用 DFP 公式(3-24)替换，则相应的算法称为 DFP 算法，其具体步骤与 BFGS 算法类似。

下面试用拟牛顿法求解例 2-1。具体迭代计算过程中的各数值迭代结果如表 3-2 所示。反演计算结果与观测数据拟合情况，以及拟合差收敛情况如图 3-2 所示。

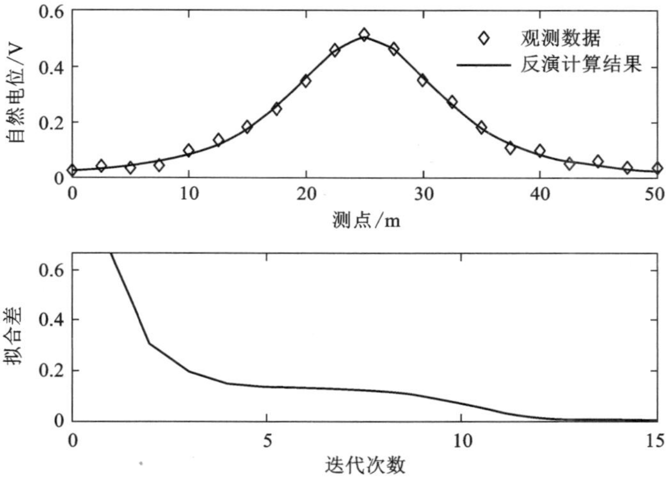

图 3-2　反演拟合曲线及目标函数收敛曲线

表 3-2　BFGS 法的数值迭代结果

迭代次数	x_0/m	h /m	拟合差	梯度模量
1	20.3150	7.8341	0.6668	0.2323
2	20.6731	8.9463	0.3066	0.0978
3	20.9571	9.6928	0.1971	0.0545
4	21.2578	10.3847	0.1490	0.0353
5	21.4842	10.8241	0.1353	0.0307
6	21.6502	11.0725	0.1306	0.0299
7	21.8247	11.2486	0.1265	0.0297
8	22.1723	11.4600	0.1181	0.0298
9	22.8554	11.6473	0.1009	0.0300
10	24.0518	11.6206	0.0707	0.0294

续表3-2

迭代次数	x_0/m	h/m	拟合差	梯度模量
11	25.4205	11.0926	0.0354	0.0241
12	25.8731	10.2544	0.0120	0.0117
13	25.2484	9.8419	0.0029	0.0035
14	25.0339	9.9611	0.0024	0.0011
15	25.0787	9.9301	0.0023	3.68×10^{-5}

拟牛顿法求极化球体模型参数的具体 Matlab 程序代码如程序 3-3 所示。

程序 3-3　BFGS 法反演主程序

```
clc;
clear all;
close all;
data = load('shsp.mat');                % 读取待反演的观测数据
x =data.X;                              % 测点点位
data =data.SPobs;
initial_guess = [20; 5];                % 初始值
params =initial_guess;
% BFGS 法第一次迭代与最速下降法相同
[grad_x0, grad_h] = compute_gradients(x, params(1), params(2));
J = [grad_x0; grad_h];
res =generate_data(x, params(1), params(2))-data;
grad = J * res';
error = res * res';
lamda = error/(grad' * grad);
params = params-lamda * grad;
itmax = 20;                   % 最大迭代次数
lastparams = initial_guess;
B=eye(2);
[grad_x0, grad_h] = compute_gradients(x, params(1), params(2));
J = [grad_x0; grad_h];
res =generate_data(x, params(1), params(2))-data;
grad1 = J * res';
tt = norm(grad1);
error = res * res';
[grad_x0, grad_h] = compute_gradients(x, lastparams(1), lastparams(2));
J = [grad_x0; grad_h];
res =generate_data(x, lastparams(1), lastparams(2))-data;
grad2 = J * res';
fori = 1: itmax
     s = params-lastparams;             % 计算模型变化
     y = grad1-grad2;                   % 计算梯度变化
```

续程序 3-3

```
        B = B+(y * y')/(y' * s)-(B * s * s' * B)/(s' * B * s);      % 更新矩阵 B
    lastparams = params;              % 更新参数
        params = params-B\grad1;
        [grad_x0, grad_h] = compute_gradients(x, params(1), params(2));
        J = [grad_x0; grad_h];
        res =generate_data(x, params(1), params(2))-data;
        grad1 = J * res';
    tt = norm(grad1);
        error = res * res';
        [grad_x0, grad_h] = compute_gradients(x, lastparams(1), lastparams(2));
        J = [grad_x0; grad_h];
        res =generate_data(x, lastparams(1), lastparams(2))-data;
        grad2 = J * res';
        %存储每次迭代的结果
        history(i, 1) = params(1);
        history(i, 2) = params(2);
        history(i, 3) = error;
        history(i, 4) = tt;
        if norm(grad1)<10e-5
            break
        end
    end
    SPinv = generate_data(x, params(1), params(2));
    fit_series = history(:, 3);
```

3.3　高斯-牛顿法

地球物理反演过程中，为了将模型数据和观测数据进行拟合，常常将模型求解问题转化为非线性最小二乘问题。高斯-牛顿法正是用于解决非线性最小二乘问题，实现数据拟合。因此，高斯-牛顿法又称广义最小二乘法。由于拟合目标函数具有多元非线性的特点，难以直接求解极小值，高斯-牛顿法的基本思想是把目标函数在给定的初值点邻域内线性化。具体的方法是进行 Taylor 展开，只取一阶项并忽略高阶项实现线性化，从而获得非线性方程的近似解，然后采用逐次迭代逼近真解。

由前面的介绍可知，牛顿法求解拟合最小二乘问题的迭代公式可以表示为：

$$\boldsymbol{x}^{(k+1)}=\boldsymbol{x}^{(k)}-\boldsymbol{H}^{-1}\nabla f \tag{3-26}$$

式中，$\boldsymbol{H}$ 为函数 f 的 Hessian 矩阵，∇f 为 f 的梯度。因此对于多元函数，使用牛顿法进行优化时需要计算 Hessian 矩阵，需要计算 $n\times n/2$ 次二阶偏导数，计算量相当大。为了简化计算，在牛顿法的基础上发展了高斯-牛顿法。如对第 $k+1$ 次逼近的目标函数进行 Taylor 展开，忽略高阶项，有：

$$
\begin{aligned}
f(x_1^{k+1}, x_2^{k+1}, \leqslant, x_n^{k+1}) &= f(x_1^k + \Delta x_1, x_2^k + \Delta x_2, \cdots, x_n^k + \Delta x_n) \\
&\approx f(x_1^k, x_2^k, \cdots, x_n^k) + \frac{\partial f}{\partial x_1^k} \times \Delta x_1 + \frac{\partial f}{\partial x_2^k} \times \Delta x_2 + \cdots + \frac{\partial f}{\partial x_n^k} \times \Delta x_n \\
&= f(x_1^k, x_2^k, \cdots, x_n^k) + \nabla f^{\mathrm{T}} \times \Delta \boldsymbol{x}
\end{aligned} \tag{3-27}
$$

式中，梯度向量∇f表示该取值点处所有参数的偏导数组成的向量，$\Delta \boldsymbol{x}$ 为从第 k 次到第 k+1 次逼近时参数的变化向量。

可得：

$$\Delta \boldsymbol{x} = -(\nabla f \nabla f^{\mathrm{T}})^{-1} \nabla ff[\boldsymbol{x}^{(k)}] \tag{3-28}$$

即：

$$[\boldsymbol{x}^{(k+1)}]^{\mathrm{T}} = [\boldsymbol{x}(k)]^{\mathrm{T}} - (\nabla f \nabla f^{\mathrm{T}})^{-1} \nabla ff[\boldsymbol{x}^{(k)}] \tag{3-29}$$

记 $J=\nabla f$ 为 Jacobi 矩阵，则有：

$$\boldsymbol{x}^{(k+1)} = \boldsymbol{x}^{(k)} - (J^{\mathrm{T}}J)^{-1} Jf[\boldsymbol{x}^{(k)}] \tag{3-30}$$

公式(3-30)就是高斯-牛顿法的迭代式，与牛顿法的迭代式相比，使用 Jacobi 矩阵代替 Hessian 矩阵，减小了计算量。

下面试用高斯-牛顿法求解例 2-1。具体迭代计算过程中的各数值迭代结果如表 3-3 所示。反演计算结果与观测数据拟合情况，以及拟合差收敛情况如图 3-3 所示。

表 3-3　高斯牛顿法的数值迭代结果

迭代次数	x_0/m	h /m	拟合差	梯度模量
1	31.8102	13.6648	0.3969	0.0304
2	20.3516	11.1462	0.2123	0.0347
3	25.7318	10.8860	0.0289	0.0215
4	24.9159	9.8359	0.0029	0.0036
5	25.0770	9.9294	0.0023	4.14×10^{-5}

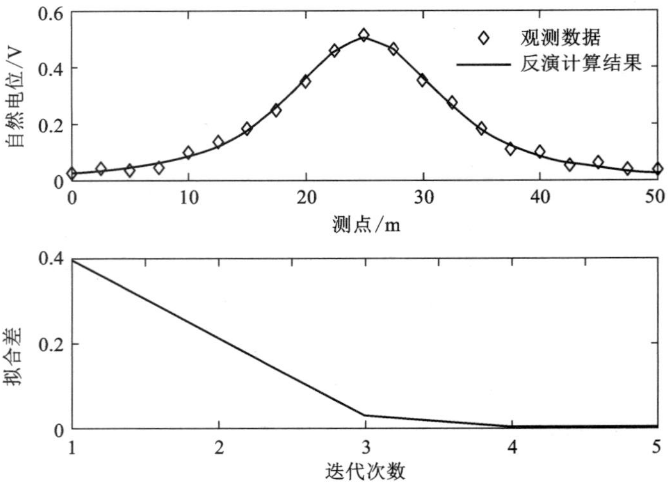

图 3-3　反演拟合曲线及目标函数收敛曲线

高斯牛顿法求极化球体模型参数的具体 Matlab 程序代码如程序 3-4 所示。

程序 3-4 高斯牛顿法反演主程序

```
clc;
clear all;
close all;
data = load('shsp.mat');          % 读取待反演的观测数据
x =data.X;                        % 测点点位
data =data.SPobs;
initial_guess = [20, 15];         % 初始值
params =initial_guess;
[grad_x0, grad_h] = compute_gradients(x, params(1), params(2));
J = [grad_x0; grad_h];
res =generate_data(x, params(1), params(2))-data;
grad = J * res';
itmax=20;                              % 最大迭代次数
fori=1: itmax
    params = params-(J * J')\grad;     % 更新参数
    [grad_x0, grad_h] = compute_gradients(x, params(1), params(2));
    J = [grad_x0; grad_h];
    res =generate_data(x, params(1), params(2))-data;
    grad = J * res';
    tt = norm(grad);
    error = res * res';
    %存储每次迭代的结果
    history(i, 1) = params(1);
    history(i, 2) = params(2);
    history(i, 3) = error;
    history(i, 4) = tt;
    iftt<10e-5
        break
    end
end
SPinv = generate_data(x, params(1), params(2));
fit_series = history(:, 3);
```

第 4 章　共轭梯度法

共轭梯度法(conjugate gradient)是介于最速下降法与牛顿法之间的一个方法，它仅需要一阶导数信息，可以克服最速下降法收敛慢的缺点，同时还可以避免牛顿法需要存储和计算 Hessian 矩阵的缺点。共轭梯度法的基本思想是利用一阶导数信息，通过构造一组共轭方向来进行迭代搜索，以找到目标函数的极小点。在每一迭代步中，根据当前的梯度信息构造新的搜索方向，这些方向在某种意义下是共轭的，从而保证了算法的快速收敛性。共轭梯度法是一个典型的共轭方向法，它的每一个搜索方向是互相共轭的，而这些搜索方向仅仅是负梯度方向与上一次迭代的搜索方向的组合，存储量少，计算方便。因此共轭梯度法是一种非常实用的优化算法，其优点包括所需存储量小、具有逐步收敛性、稳定性好等。

4.1　共轭方向

最优化方法的核心问题之一是选择搜索方向。考察二次函数极小化问题：

$$\min f(\boldsymbol{x}) = \frac{1}{2}\boldsymbol{x}^{\mathrm{T}}\boldsymbol{Q}\boldsymbol{x} + \boldsymbol{q}^{\mathrm{T}}\boldsymbol{x} \tag{4-1}$$

式中，$\boldsymbol{Q} \in R^{n\times n}$ 对称正定，$\boldsymbol{q} \in R^n$。

设 $\boldsymbol{A} \in R^{n\times n}$ 对称正定，$\boldsymbol{d}^{(1)}$，$\boldsymbol{d}^{(2)}$，…，$\boldsymbol{d}^{(m)}$ 是 R^n 中的非零向量。若对 i，$j=1$，2，…，m，有：

$$\boldsymbol{d}^{(i)\mathrm{T}}\boldsymbol{A}\boldsymbol{d}^{(j)} = 0,\ i \neq j$$

则称向量组 $\boldsymbol{d}^{(1)}$，$\boldsymbol{d}^{(2)}$，…，$\boldsymbol{d}^{(m)}$ 关于矩阵 $\boldsymbol{A}$ 相互共轭。

若 $\boldsymbol{A}=\boldsymbol{I}$ 是单位矩阵，则向量组的共轭性等价于正交性。令 $\boldsymbol{p}^{(i)} = \boldsymbol{A}^{1/2}\boldsymbol{d}^{(i)}$ ($i=1$，2，…，m)，则向量组 $\boldsymbol{d}^{(1)}$，$\boldsymbol{d}^{(2)}$，…，$\boldsymbol{d}^{(m)}$ 关于矩阵 $\boldsymbol{A}$ 相互共轭等价于向量组 $\boldsymbol{p}^{(i)}$ ($i=1$，2，…，m)相互正交。因此，共轭是正交概念的推广。

容易证明，如果 $\boldsymbol{A} \in R^{n\times n}$ 对称正定，非零向量组 $\boldsymbol{d}^{(1)}$，$\boldsymbol{d}^{(2)}$，…，$\boldsymbol{d}^{(m)} \in R^n$ 关于矩阵 $\boldsymbol{A}$ 相互共轭，则 $\boldsymbol{d}^{(1)}$，$\boldsymbol{d}^{(2)}$，…，$\boldsymbol{d}^{(m)}$ 线性无关。这就表明，若非零向量组 $\boldsymbol{d}^{(1)}$，$\boldsymbol{d}^{(2)}$，…，$\boldsymbol{d}^{(m)} \in R^n$ 关于对称正定矩阵 $\boldsymbol{A}$ 相互共轭，则必有 $m \leqslant n$。

求解二次函数极小值问题(4-1)的共轭方向法的思想是：从某个初始点 $x^{(0)}$ 出发，依次沿关于 $\boldsymbol{Q}$ 相互共轭的 n 个方向 $\boldsymbol{d}^{(i)}$ ($i=0$，1，…，$n-1$)进行精确线性搜索，即令：

$$\boldsymbol{x}^{(k+1)} = \boldsymbol{x}^{(k)} + \boldsymbol{\alpha}_k\boldsymbol{d}^{(k)},\ (k = 0,\ 1,\ \cdots,\ n-1)$$

其中，$\boldsymbol{\alpha}_k$ 是下面问题的解：

$$f[\boldsymbol{x}^{(k)} + \boldsymbol{\alpha}_k\boldsymbol{d}^{(k)}] = \min_{\alpha \in R} f[\boldsymbol{x}^{(k)} + \boldsymbol{\alpha}\boldsymbol{d}^{(k)}] \tag{4-2}$$

由于 $\boldsymbol{d}^{(k)}$ 可能不是函数 f 在 $\boldsymbol{x}^{(k)}$ 处的下降方向，因此上面的精确线性搜索在整个实数轴上进行。

设函数 f 由式(4-1)给出，非零向量组 $\boldsymbol{d}^{(1)}$，$\boldsymbol{d}^{(2)}$，…，$\boldsymbol{d}^{(n-1)}$ 关于矩阵 $\boldsymbol{Q}$ 相互共轭。点 $\boldsymbol{x}^{(0)} \in R^n$，设迭代格式：

$$\boldsymbol{x}^{(k+1)} = \boldsymbol{x}^{(k)} + \boldsymbol{\alpha}_k \boldsymbol{d}^{(k)},\ k = 0,\ 1,\ \cdots,\ n-1$$

其中的步长 $\boldsymbol{\alpha}_k$ 由精确线性搜索公式(4-2)确定，即 $\boldsymbol{\alpha}_k$ 满足式(4-2)。设有线性流形：

$$S_k = \left\{\boldsymbol{x} = \boldsymbol{x}^{(0)} + \sum_{i=0}^{k} \beta_i \boldsymbol{d}^{(i)} \mid \beta_i \in R,\ i = 0,\ 1,\ \cdots,\ k\right\}$$

则 $\boldsymbol{x}^{(k+1)}$ 是 f 在该线性流形中的极小值点。特别地，$\boldsymbol{x}^{(n)} = \boldsymbol{x}^* = -\boldsymbol{Q}^{-1}\boldsymbol{q}$ 是问题(4-1)的唯一全局最优解。

这就说明采用精确线性搜索的共轭方向法求解严格凸二次函数极小值问题(4-1)时可经过有限步获得问题的最优解。因此，共轭方向法具有二次终止性。共轭方向可用类似于 Gram-Schmidt 正交化过程产生，共轭化过程如算法 4-1 所示。

算法 4-1　Gram-Schmidt 共轭化过程

Ⅰ给定线性无关向量组 $\boldsymbol{p}^{(0)}$，$\boldsymbol{p}^{(1)}$，…，$\boldsymbol{p}^{(n-1)} \in R^n$，令 $\boldsymbol{d}^{(0)} = \boldsymbol{p}^{(0)}$，$k:=0$。

Ⅱ计算 $\boldsymbol{d}^{(k+1)} = \boldsymbol{p}^{(k+1)} - \sum_{j=0}^{k} \dfrac{\boldsymbol{d}^{(j)\mathrm{T}}\boldsymbol{Q}\boldsymbol{p}^{(k+1)}}{\boldsymbol{d}^{(j)\mathrm{T}}\boldsymbol{Q}\boldsymbol{d}^{(j)}} \boldsymbol{d}^{(j)}$

Ⅲ若 $k=n-2$ 则停止，否则令 $k:=k+1$，转Ⅰ继续。

4.2　共轭梯度

共轭梯度法的基本思想是把共轭性与最速下降方法相结合，利用已知点处的梯度构造一组共轭方向，并沿这组方向进行搜索，求出目标函数的极小点。根据共轭方向的基本性质，这种方法具有二次终止性。

求解一般无约束问题的共轭梯度法是在求解二次函数极小值问题的共轭梯度法的基础上发展起来的。共轭梯度法利用负梯度方向 $-\nabla f[\boldsymbol{x}^{(k)}]$ 与算法的前一个方向的线性组合作为第 k 次迭代的搜索方向，取初始方向为 $-\nabla f[\boldsymbol{x}^{(0)}]$，则有：

$$\boldsymbol{d}^{(k)} = \begin{cases} -\nabla f[\boldsymbol{x}^{(0)}], & k = 0 \\ -\nabla f[\boldsymbol{x}^{(k)}] + \boldsymbol{\beta}_k \boldsymbol{d}^{(k-1)}, & k \geqslant 1 \end{cases} \tag{4-3}$$

式中，参数 $\boldsymbol{\beta}_k$ 的确定使得算法用于求解问题(4-1)时，$\boldsymbol{d}^{(k)}$ 与 $\boldsymbol{d}^{(k-1)}$ 关于 $\boldsymbol{Q}$ 相互共轭。

设 f 是二次函数，点列 $\{\boldsymbol{x}^{(k)}\}$ 由下面的迭代格式确定：

$$\boldsymbol{x}^{(k+1)} = \boldsymbol{x}^{(k)} + \boldsymbol{\alpha}_k \boldsymbol{d}^{(k)},\ k = 0,\ 1,\ \cdots$$

式中，α_k 由精确线性搜索得到，即：

$$\boldsymbol{\alpha}_k = -\frac{\nabla f[\boldsymbol{x}^{(k)}]^{\mathrm{T}} \boldsymbol{d}^{(k)}}{\boldsymbol{d}^{(k)\mathrm{T}}\boldsymbol{Q}\boldsymbol{d}^{(k)}}$$

又有：

$$\nabla f[\boldsymbol{x}^{(k)}] - \nabla f[\boldsymbol{x}^{(k-1)}] = \boldsymbol{Q}(\boldsymbol{x}^{(k)} - \boldsymbol{x}^{(k-1)}] = \boldsymbol{\alpha}_{k-1}\boldsymbol{Q}\boldsymbol{d}^{(k-1)}$$

由式(4-3)以及 $\boldsymbol{d}^{(k)\mathrm{T}}\boldsymbol{Q}\boldsymbol{d}^{(k-1)} = 0$ 可得：

$$\beta_k = \frac{\nabla f[\boldsymbol{x}^{(k)}]^{\mathrm{T}} \boldsymbol{Q}\boldsymbol{d}^{(k-1)}}{\boldsymbol{d}^{(k-1)\mathrm{T}} \boldsymbol{Q}\boldsymbol{d}^{(k-1)}} = \frac{\nabla f[\boldsymbol{x}^{(k)}]^{\mathrm{T}} \{\nabla f[\boldsymbol{x}^{(k)}] - \nabla f[\boldsymbol{x}^{(k-1)}]\}}{\boldsymbol{d}^{(k-1)\mathrm{T}} \{\nabla f[\boldsymbol{x}^{(k)}] - \nabla f[\boldsymbol{x}^{(k-1)}]\}} \tag{4-4}$$

在此基础上，可以得出共轭梯度法的计算步骤，如算法 4-2 所示：

算法 4-2　共轭梯度法

Ⅰ取初始点 $\boldsymbol{x}^{(0)} \in R^n$，$\boldsymbol{d}^{(0)} = -\nabla f[\boldsymbol{x}^{(0)}]$，精度 $\varepsilon>0$，令 k：$=0$。

Ⅱ若 $\|\nabla f[\boldsymbol{x}^{(k)}]\| \leqslant \varepsilon$，则算法终止，得到问题的解 $\boldsymbol{x}^{(k)}$。否则转Ⅲ继续。

Ⅲ由线性搜索确定步长 $\boldsymbol{\alpha}_k$。

Ⅳ令 $\boldsymbol{x}^{(k+1)} = \boldsymbol{x}^{(k)} + \boldsymbol{\alpha}_k \boldsymbol{d}^{(k)}$。

Ⅴ由式(4-3)确定 $\boldsymbol{d}^{(k+1)}$，令 k：$=k+1$，转Ⅱ继续。

下面试用共轭梯度法求解例 2-1。具体迭代计算过程中的各数值迭代结果如表 4-1 所示。反演计算结果与观测数据拟合情况，以及拟合差收敛情况如图 4-1 所示。

表 4-1　共轭梯度法的数值迭代结果

迭代次数	x_0/m	h /m	拟合差	梯度模量
1	25. 5058	7. 1250	0. 5796	0. 3077
2	24. 5253	8. 8027	0. 5737	0. 3042
3	25. 1342	8. 8499	0. 0607	0. 0566
4	24. 7543	9. 7290	0. 0509	0. 0519
5	25. 1113	9. 7664	0. 0049	0. 0080
6	25. 0563	9. 9224	0. 0032	0. 0054
7	25. 0818	9. 9255	0. 0024	0. 0004
8	25. 0805	9. 9292	0. 0023	0. 0001
9	25. 0806	9. 9292	0. 0023	4.28×10^{-7}

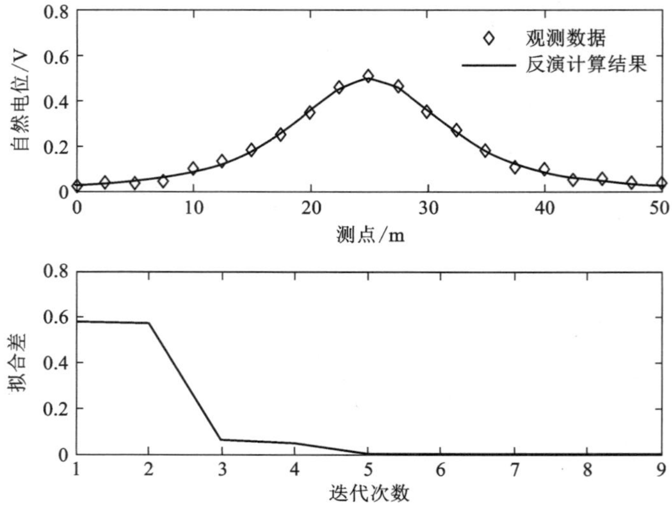

图 4-1　反演拟合曲线及目标函数收敛曲线

4.3 Fletcher-Reeves 共轭梯度法(FR 法)

若把式(4-3)中的$\boldsymbol{\beta}_k$用$\boldsymbol{\beta}_k^{FR}$替代，则相应的算法就称为 FR 算法。

$$\boldsymbol{\beta}_k = \boldsymbol{\beta}_k^{FR} \triangleq \frac{\| \nabla f[\boldsymbol{x}^{(k)}] \|^2}{\| \nabla f[\boldsymbol{x}^{(k-1)}] \|^2}$$

容易证明，精确线性搜索 FR 算法和算法 4-2 是等价的，并具有如下性质：

(1)算法产生的方向$\{\boldsymbol{d}^{(k)}\}_{k=0}^{n-1}$关于矩阵$\boldsymbol{Q}$相互共轭。

(2)若矩阵$\boldsymbol{Q}$只有r个不同的特征值，则算法最多经过r次迭代得到问题的最优解。

(3)设λ_{max}和λ_{min}是矩阵$\boldsymbol{Q}$的最大特征值和最小特征值，$\kappa=\lambda_{max}/\lambda_{min}$，则有：

$$\| \boldsymbol{x}^{(k)} - \boldsymbol{x}^* \|_Q \leqslant 2\left(\frac{\sqrt{\kappa}-1}{\sqrt{\kappa}+1}\right)^k \| \boldsymbol{x}^{(0)} - \boldsymbol{x}^* \|_Q$$

式中，$\| \boldsymbol{x} \|_Q = (\boldsymbol{x}^T \boldsymbol{Q} \boldsymbol{x})^{1/2}$。

FR 算法的具体过程如下：

首先，任意给定一个初始点$\boldsymbol{x}^{(0)}$，计算出目标函数$f(\boldsymbol{x})$在这点的梯度，若$\| \boldsymbol{g}_0 \| = 0$，则停止计算；否则令：

$$\boldsymbol{d}^{(0)} = -\nabla f(\boldsymbol{x}^{(0)}) = -\boldsymbol{g}_0$$

沿方向$\boldsymbol{d}^{(0)}$搜索，得到点$\boldsymbol{x}^{(1)}$。计算在$\boldsymbol{x}^{(1)}$处的梯度，若$\| \boldsymbol{g}_1 \| \neq 0$，则利用$-\boldsymbol{g}_1$和$\boldsymbol{d}^{(0)}$构造第 2 个搜索方向$\boldsymbol{d}^{(1)}$，再沿$\boldsymbol{d}^{(1)}$搜索。

一般地，若已知点$\boldsymbol{x}^{(k)}$和搜索方向$\boldsymbol{d}^{(k)}$，则从$\boldsymbol{x}^{(k)}$出发，沿$\boldsymbol{d}^{(k)}$进行搜索，得到

$$x^{(k+1)} = x^{(k)} + \lambda_k d^{(k)}$$

式中，步长$\boldsymbol{\lambda}_k$满足：

$$f[\boldsymbol{x}^{(k)} + \boldsymbol{\lambda}_k \boldsymbol{d}^{(k)}] = \min f[\boldsymbol{x}^{(k)} + \lambda \boldsymbol{d}^{(k)}]$$

此时可求出$\boldsymbol{\lambda}_k$的显式表达：

$$\boldsymbol{\lambda}_k = -\boldsymbol{g}_k \boldsymbol{d}^{(k)} / [\boldsymbol{d}^{(k)T} \boldsymbol{A} \boldsymbol{d}^{(k)}]。$$

计算$f(\boldsymbol{x})$在$\boldsymbol{x}^{(k+1)}$处的梯度。若$\| \boldsymbol{g}_{k+1} \| = 0$，则停止计算；否则，用$-\boldsymbol{g}_{k+1}$和$\boldsymbol{d}^{(k)}$构造下一个搜索方向$\boldsymbol{d}^{(k+1)}$，并使$\boldsymbol{d}^{(k+1)}$和$\boldsymbol{d}^{(k)}$关于$\boldsymbol{A}$共轭。按此设想，令

$$\boldsymbol{d}^{(k+1)} = -\boldsymbol{g}_{k+1} + \boldsymbol{\beta}_k \boldsymbol{d}^{(k)}$$

上式两端分别左乘$\boldsymbol{d}^{(k)T}\boldsymbol{A}$，并令

$$\boldsymbol{d}^{(k)T} \boldsymbol{A} \boldsymbol{d}^{(k+1)} = -\boldsymbol{d}^{(k)T} \boldsymbol{A} \boldsymbol{g}_{k+1} + \boldsymbol{\beta}_k \boldsymbol{d}^{(k)T} \boldsymbol{A} \boldsymbol{d}^{(k)} = 0$$

由此得到

$$\boldsymbol{\beta}_k = \boldsymbol{d}^{(k)T} \boldsymbol{A} \boldsymbol{g}_{k+1} / \boldsymbol{d}^{(k)T} \boldsymbol{A} \boldsymbol{d}^{(k)}$$

再从$\boldsymbol{x}^{(k+1)}$出发，沿方向$\boldsymbol{d}^{(k+1)}$搜索。

在 FR 法中，初始搜索方向必须取最速下降方向。因子$\boldsymbol{\beta}_k$可以简化为：

$$\boldsymbol{\beta}_k = \| \boldsymbol{g}_{k+1} \|^2 / \| \boldsymbol{g}_k \|^2$$

当目标函数是高于二次的连续函数(即目标函数的梯度存在)时，其对应的解方程是非线性方程，非线性问题的目标函数可能存在局部极值，并且破坏了二次终止性，共轭梯度法需要在两个方面加以改进后，才可以用于实际的反演计算，但共轭梯度法不能确保目标函数收

敛到全局极值。如果共轭梯度法不能在 n 维空间内依靠 n 步搜索到达极值点，就需要重启共轭梯度法，继续迭代以完成搜索极值点的工作。另外，在目标函数复杂、需要局部线性化时，Hessian 矩阵 $\boldsymbol{A}$ 的计算工作量比较大，矩阵 $\boldsymbol{A}$ 也有可能是病态的。因此 FR 算法最为常用，其抛弃了矩阵 $\boldsymbol{A}$ 的计算过程，具体形式如下：

$$\boldsymbol{\lambda}_k = -\boldsymbol{g}_k^{\mathrm{T}}\boldsymbol{g}_k/(\boldsymbol{g}_{k-1}^{\mathrm{T}}\boldsymbol{g}_{k-1})$$

式中，$\boldsymbol{g}_{k-1}$ 和 $\boldsymbol{g}_k$ 分别为第 $k-1$ 和第 k 次搜索时计算出来的目标函数的梯度。

下面试用 FR 算法求解例 2-1。具体迭代计算过程中的各数值迭代结果如表 4-2 所示。反演计算结果与观测数据拟合情况，以及拟合差收敛情况如图 4-2 所示。

表 4-2 Fletcher-Reeves 共轭梯度法的数值迭代结果

迭代次数	x_0/m	h /m	拟合差	梯度模量
1	26. 0463	8. 6582	0. 5974	0. 3155
2	26. 5472	8. 9126	0. 0883	0. 0701
3	25. 0736	9. 2215	0. 0765	0. 0562
4	24. 6968	9. 7692	0. 0212	0. 0292
5	24. 7819	9. 9756	0. 0049	0. 0072
6	25. 0493	10. 0162	0. 0034	0. 0036
7	25. 1272	9. 9475	0. 0026	0. 0027
8	25. 1176	9. 9237	0. 0024	0. 0008
9	25. 0859	9. 9182	0. 0024	0. 0005
10	25. 0751	9. 9266	0. 0024	0. 0004
11	25. 0760	9. 9297	0. 0023	0. 0001
12	25. 0797	9. 9305	0. 0023	5.41×10^{-5}

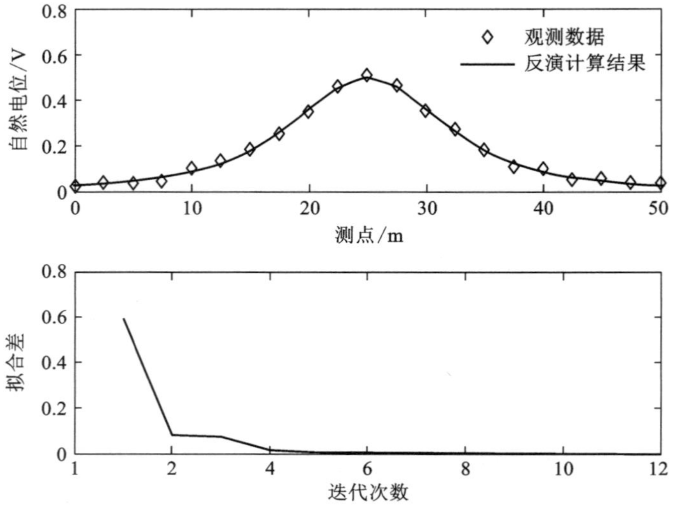

图 4-2 反演拟合曲线及目标函数收敛曲线

共轭梯度法求极化球体模型参数的具体 Matlab 程序代码如程序 4-1 所示。

程序 4-1 共轭梯度法反演主程序

```
clc;
clear all;
close all;
SPobs = load('shsp.mat');   % 读取待反演的观测数据
x =SPobs.X;                 % 测点点位
data =SPobs.SPobs;          % 观测数据
initial_guess = [30.0; 15.0]; % 初始值
params =initial_guess;
%计算雅可比矩阵
[grad_x0, grad_h] = compute_gradients(x, params(1), params(2));
J = [grad_x0; grad_h];
res = generate_data(x, params(1), params(2)) - data;      % 计算数据残差
grad = J * res';            % 计算目标函数梯度
d = -grad;
fenmu1 = -grad' * d;        % 计算迭代步长
Am = J * (J' * d);
fenmu = d' * Am;
alphe = fenmu1/fenmu;       % 迭代步长
params = params +alphe * d;
tt = norm(grad);
display(['开始迭代']);
itmax = 10;                 % 最大迭代次数
for ii =1: itmax
    [grad_x0, grad_h] = compute_gradients(x, params(1), params(2));
    J = [grad_x0; grad_h];      %更新雅可比矩阵
    res = generate_data(x, params(1), params(2)) - data;
    grad_new = J * res';        % 更新梯度
    fenmu2 =grad_new' * (grad_new - grad);
    fenmu3 = d' * (grad_new - grad);
    beta = fenmu2/fenmu3;
    d = -grad_new + beta * d;   % 更新搜索方向
    fenmu1 = -grad_new' * d;
    Am = J * (J' * d);
    fenmu = d' * Am;
    alphe = fenmu1/fenmu;       % 更新迭代步长
    params = params +alphe * d;
    grad =grad_new;
    error = res * res';         %计算目标函数值
    tt = norm(grad_new);
    %存储每次的迭代结果
    history(ii, 1) =params(1);
```

续程序 4-1

```
        history(ii, 2) = params(2);
        history(ii, 3) =  error;
        history(ii, 4) = tt;
        iftt < 10e-5
            disp('反演迭代收敛')
            SPinv = generate_data(x, params(1), params(2));
            fit_series = history(:, 3);
            break
        end
    end
```

第5章 模拟退火算法

模拟退火法(simulated annealing, SA)是一种基于 Monte Carlo 迭代求解策略的随机寻优算法，其主要思想是模仿金属退火过程中温度逐渐降低的过程。作为一种通用的优化算法，模拟退火法是局部搜索算法的扩展。相较于其他启发式算法，模拟退火法在搜索过程中允许接受一定的“劣解”，以避免陷入局部最优，并通过控制温度参数逐渐减小接受“劣解”的概率，使最终得到的解尽可能接近全局最优解。模拟退火法适用于解决组合优化问题和复杂函数优化问题，已广泛应用于机器学习、模式识别、图像处理、工程设计以及地球物理反演等领域。

5.1 基本理论

模拟退火法以优化问题求解过程与金属物理退火过程之间的相似性为基础，采用 Metropolis 算法，并通过控制温度参数的下降过程实现模拟退火，达到求解全局优化问题的目的。优化问题的目标函数相当于金属的内能，自变量组合状态空间相当于金属的内能状态空间。优化问题的求解过程就是寻找一个使目标函数值最小的组合状态。

(1)物理退火过程

在高温熔融态下，金属离子之间可以进行相对自由的移动，但随着温度逐渐降低，这种自由移动性慢慢消失，最终形成一个金属原子排列整齐的纯净晶体。对于金属系统而言，晶体形态是能量最低的状态，所有缓慢冷却的系统都可以自然达到这一状态。如果液态金属被迅速冷却，就会形成具有较高能量的多晶体状态或非结晶状态，即纯净晶体成型的本质在于缓慢地冷却，以提供足够的时间让大量原子在丧失可动性之前进行充分的重新分布，进而确保系统达到最低能量状态。

物理退火过程一般包括加温、等温和冷却三个过程。加温过程：增强了粒子的热运动，使其偏离平衡位置变为无序状态，且系统能量随温度的升高而增大，当温度足够高时，固体将熔解为液态，从而消除系统原本可能存在的非均匀态，使随后进行的冷却过程以某一平衡态为起点。等温过程：系统与周围环境交换热量但保持温度不变，且系统状态的自发变化总是朝着自由能减小的方向进行，当自由能达到最小时，系统达到当前温度的平衡状态。冷却过程：粒子的热运动减弱并逐渐趋于有序状态，系统能量逐渐降低，最终成为低能量的晶体结构。

(2)模拟退火原理

模拟退火法模仿了金属物理退火过程，即将金属加热至充分高的温度，再让其缓慢冷却。模拟退火法与金属物理退火过程的相似关系如表5-1所示。

表 5-1　模拟退火法与金属物理退火过程的相似关系

物理退火	模拟退火
粒子状态	一般解
能量最低态	最优解
熔解过程	初始温度
等温过程	Metropolis 采样
冷却过程	控制参数下降
系统能量	目标函数

用组合优化问题模拟金属物理退火过程，将目标函数值模拟为内能 E，控制参数演化成温度 T，即得到解组合优化问题的模拟退火法：由初始解 X_0 和控制参数初值 T_0 开始，对当前解进行“产生新解→计算目标函数拟合差→接受或舍弃”的循环迭代，并逐步减小 T 值，算法终止时的当前解即为所得近似最优解。其中退火过程由多个参数调节，包括控制参数初值 T_0 及其衰减因子、达到每个 T 值时的迭代次数(马尔科夫链长度)和停止条件。

(3)模拟退火算法思想

模拟退火算法的主要思想是：在搜索区间随机游走(即随机选择采样点)，再利用 Metropolis 抽样准则，使随机游走逐渐收敛于局部最优解。而温度是 Metropolis 算法中的一个重要控制参数，其调节随机过程向局部或全局最优解移动的快慢。

根据 Metropolis 准则，当系统从一个能量状态变化到另一个状态时，相应的能量从 E_1 变化到 E_2，如果 $E_2 < E_1$，系统接受此状态，否则以一个随机的概率接受或丢弃此状态。状态 2 被接受的概率为：

$$p(1 \to 2) = \begin{cases} 1, & E_2 < E_1 \\ e^{-\frac{E_2 - E_1}{T}}, & E_2 \geq E_1 \end{cases} \tag{5-1}$$

迭代过程中，可逐级求得控制参数 T 的相对最优解，随着控制参数 T 减小，重复执行 Metropolis 算法，便可在 T 趋于零时求得组合优化问题的整体最优解。该过程可视为递减控制参数 T 时 Metropolis 算法的迭代：开始时 T 值较大，可以接受较差的非优解；随着 T 值减小，只接受较好的非优解；最后 T 值趋于 0，不再接受非优解。在每个温度值下，合适的马尔科夫链长度可保证算法既能充分探索解空间，又能在合理的时间内收敛到较优解，其具体长度可根据不同问题的特性、计算复杂度和动态反馈进行调整。

5.2　算法流程

模拟退火反演算法流程如下：

(1)设置模型参数的搜索空间、初始温度 T_0、温度衰减系数、最终温度、马尔科夫链长度等参数。解空间的设置需确保参数取值具有物理意义，同时可结合先验信息进一步约束搜索空间，避免高温条件下的无效搜索。

(2)在搜索空间内随机初始化模型参数的初始值 X_0。

(3)在同一温度下根据 Metropolis 原则进行模型参数更新：

计算目标函数值增量 $\Delta E = E(X_{k+1}) - E(X_k)$，若 $\Delta E < 0$，则新模型 X_{k+1} 被接受，否则新模型以概率 $p = e^{-\Delta E/T}$ 被接受；若新模型被接受，令 $X_k = X_{k+1}$，否则令 $X_k = X_k$，并进入下一次迭代。本书采用的模型更新公式为：

$$X_{k+1} = X_k + (X_{max} - X_{min}) \cdot \mathrm{sign}(r - 0.5) \cdot T \cdot [(1 + 1/T)^{|2r-1|} - 1] \tag{5-2}$$

式中，sign 为符号函数，对 sign(n)，当 $n > 0$ 时输出 1，$n < 0$ 时输出 -1，$n = 0$ 时输出 0；r 为介于 0 与 1 之间的随机数；X_{max} 和 X_{min} 分别为解空间的上、下限。

(4)在当前温度 T 下重复步骤(3)，直到迭代次数为马尔科夫链长度。

(5)按照退火策略降低温度，进入下一个迭代循环。常见的退火策略包括：

$$\begin{cases} \text{线性降温：} & T_k = T_0 - \alpha k \\ \text{指数降温：} & T_k = T_0 \cdot \beta^k \\ \text{对数降温：} & T_k = T_0/\lg(k + 1) \\ \text{多项式降温：} & T_k = T_0/k^p \end{cases} \tag{5-3}$$

式中，k 为迭代次数；T_k 为第 k 次迭代的温度；α 为降温速率；$0 < \beta < 1$，为降温常数；$p > 0$，为降温常数。

(6)循环步骤(3)、(4)、(5)，直至达到温度阈值、目标函数精度阈值、最大迭代次数、模型不再更新等停止条件时退出循环，输出当前模型作为最优解。

5.3 地球物理反演示例

采用例 2-1 中均匀大地极化球体上方地表水平测线的自然电场观测数据进行反演，以测试模拟退火算法的应用效果。具体算法参数设置、迭代计算过程中的各数值结果如表 5-2 所示。反演计算结果与观测数据拟合情况，以及拟合差收敛情况如图 5-1 所示。

表 5-2 反演参数及结果

参数	取值	先验区间	反演结果
初始温度	100	—	—
衰减系数	0.99	—	—
最终温度	0.0001	—	—
马尔科夫链长度	1000	—	—
测线点位/m	0：2.5：50	—	—
电偶极矩/(C·m)	—	0~100	50.6707
球心位置/m	—	0~50	25.0741
球心埋深/m	—	0~30	10.0048
极化角/(°)	—	45~135	90.0367
拟合差	—	—	0.0105

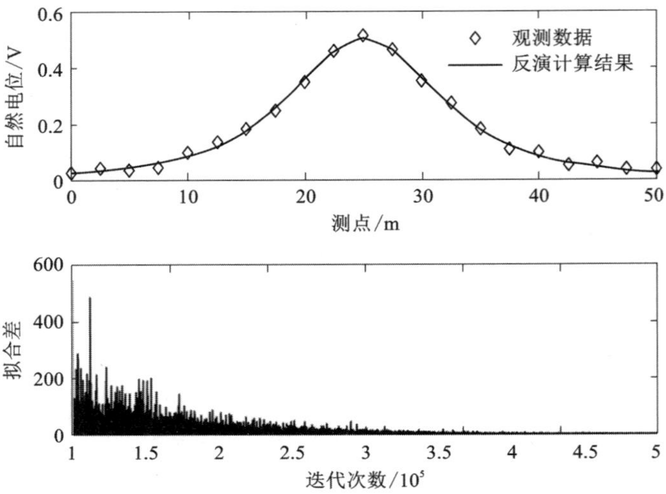

图 5-1　反演拟合曲线及目标函数收敛曲线

模拟退火法求极化球体模型参数的具体 Matlab 程序代码如程序 5-1～程序 5-4 所示，其中程序 5-1 为主程序。

程序 5-1　模拟退火法反演主程序

```
clear;
clc;
%%参数设置
% ---------------读取待反演的观测数据--------------- %
data = load('shsp.mat');
X =data.X;                 % 测点点位
SPobs = data.SPobs; % 观测数据
% ---------------模拟退火法相关参数--------------- %
T0=100;                    %初始温度
alpha=0.99;                % 温度衰减函数的参数
Tf=0.0001;                 % 最终温度
Markov_length=1000;        % 马尔科夫链长度
% ---------------反演模型相关参数--------------- %
D=4;                       %参数维度
% ---------------定义模型空间范围--------------- %
mspace=zeros(D, 2);
mspace(1,:)=[0, 100];      % 电偶极矩搜索范围
mspace(2,:)=[0, 50];       % 球心坐标搜索范围
mspace(3,:)=[0, 30];       % 球心埋深搜索范围
mspace(4,:)=[45, 135];     % 极化角搜索范围
%% SA 反演
[m_best, fit_series, fit_best] = SA(@fun_obj, alpha, T0, Tf, Markov_length, D, mspace, X, SPobs);
disp('模型参数最优解为:');
```

续程序 5-1

```
disp(m_best);
disp('目标函数的最小值为:');
disp(fit_best);
%%绘图
SPinv=SP_forward(m_best, X);
figure(1)
subplot(2, 1, 1)
plot(X, SPobs, 'd', 'color', 'k', 'MarkerSize', 5);
hold on
plot(X, SPinv, 'color', 'k', 'LineWidth', 1);
ylabel('SP (V)', 'fontsize', 12);
xlabel('Location (m)', 'fontsize', 12);
o=legend('\fontsize{12}\it Observed', '\fontsize{12}\it Inversion', 'location', 'northeast');
set(o, 'box', 'off');
set(gca, 'fontsize', 12);
box on
hold off
subplot(2, 1, 2)
plot(fit_series, 'color', 'k', 'LineWidth', 1);
ylabel('Objective', 'fontsize', 12);
xlabel('Iterations', 'fontsize', 12);
set(o, 'box', 'off');
set(gca, 'fontsize', 12);
```

程序 5-2 模拟退火法正演计算函数

```
function SP=SP_forward(m, X)
SP=m(1).*((X-m(2)).*cos(m(4)*pi/180)+m(3)*sin(m(4)*pi/180))./((X-m(2)).^2+m(3)^2).^1.5;
end
```

程序 5-3 模拟退火法目标函数计算函数

```
function fitness=fun_obj(m, X, SPobs)
SP=SP_forward(m, X);                    % 正演计算
fitness=sqrt(sum((SPobs-SP).^2)/length(X)); % 适应度函数值(均方差)
end
function[m_best, fit_series, fit_best] = SA(fitness, alpha, T0, Tf, Markov_length, D, mspace, X, SPobs)
% ---------------参数说明--------------- %
% fitness——适应度函数值
```

程序 5-4　模拟退火法反演迭代函数

```
%m_new——最新位置
%m_current——当前位置(上一次更新后的位置)
%m_best——历史最佳位置
%fit_new——最新适应度函数值
%fit_current——当前适应度函数值
%fit_best——历史最优适应度函数值
format long;
rng shuffle;
% -----以下部分初始化模型位置,并计算对应的适应度函数----- %
m_new=rand*(mspace(:,2)-mspace(:,1))+mspace(:,1); % 随机初始化粒子位置
fit_current=fitness(m_new, X, SPobs);                    % 当前位置对应的适应值
m_current=m_new;                                          % 当前位置
m_best=m_new;                                             % 历史最优位置
fit_new=fit_current;                                      % 初始化最新适应度函数
fit_best=fit_current;                                     % 初始化历史最优适应度函数
count=1;
fit_series(count)=fit_new;                                % 存储收敛曲线
count=count+1;
t=T0;                                                     %温度赋初值
% -----开始主循环,按照模拟退火思想进行迭代,直到达到设定的最低温时退出循环----- %
while t>=Tf
    fori=1:Markov_length
        for j=1:D
            coe2=sign(rand-0.5)*t*((1+1/t)^(abs(2*rand-1))-1);   % 计算中间变量
            m_new(j)=m_new(j)+coe2*(mspace(j,2)-mspace(j,1));   % 更新解位置
            ifm_new(j)>mspace(j,2)                    % 如果超过解空间上限,则拉回到上限
                m_new(j)=mspace(j,2);
            elseifm_new(j)<mspace(j,1)                % 如果超过解空间下限,则拉回到下限
                m_new(j)=mspace(j,1);
            end
        end
        fit_new=fitness(m_new, X, SPobs); % 当前位置对应的适应值
        iffit_new<fit_current              % 同时保存 fit_best 和最后一个 fit_new
            fit_current=fit_new;           % 更新目标函数值
            fit_series(count)=fit_new;
            count=count+1;
            m_current=m_new;               % 如果新位置对应的目标函数小于当前目标函数则更新位置
            iffit_new<fit_best
                fit_best=fit_new;        % 如果新位置对应的目标函数小于历史最优则更新目标函数值
                m_best=m_new;            % 如果新位置对应的目标函数小于历史最优则更新位置
            end
        else                               %若是新目标函数更差,则利用轮盘赌法来决定是否接受新解
```

续程序 5-4

```
            if rand<exp(-(fit_new-fit_current)/t)
                fit_current=fit_new;
                fit_series(count)=fit_new;
                count=count+1;
                m_current=m_new;
            else
                fit_series(count)=fit_series(count-1);
                count=count+1;
                m_new=m_current;
            end
        end
    end
    t=t * alpha;
end
iffit_new<fit_best                              % 判断最后一次迭代是否跳出最优解
    fit_best=fit_new;
    m_best=m_new;
end
end
```

第6章　遗传算法

遗传算法(genetic algorithm，GA)是通过模拟生物在自然环境中的遗传和进化过程，形成的自适应全局优化搜索算法。它最早由美国J. H. Holland教授提出，并由D. J. Goldberg在一系列研究工作的基础上归纳总结而成。遗传算法是通过模仿自然界生物进化机制而发展起来的随机全局搜索和优化方法，它借鉴了达尔文的进化论和孟德尔的遗传学说，使用“适者生存”的原则，通过自然选择、遗传和变异等作用机制，实现各个个体适应性的提高，本质上是一种并行、高效、全局搜索的方法。它能在搜索过程中自动获取和积累有关搜索空间的知识，并自适应地控制搜索过程以求得最优解。

遗传算法使用“适者生存”的原则，在潜在的解决方案种群中逐次产生一个近似最优的方案。在遗传算法的每一代中，根据个体在问题域中的适应度和从自然遗传学中借鉴的再造方法进行个体选择，产生一个新的近似解。这个过程导致种群中个体的进化，得到的新个体比原个体更能适应环境。同传统的优化算法相比，遗传算法具有对参数的编码进行操作、不需要推导和附加信息、寻优规则非确定性、自组织性、自适应性和自学习性等特点。当染色体结合时，双亲遗传基因的结合使得子女保持父母的特征。染色体结合后，随机的变异会造成子代同父代的不同。

遗传算法作为一种高效、实用、鲁棒性强的优化技术，发展极为迅速，在机器学习、模式识别、控制系统优化及地球物理反演等不同领域得到广泛应用。遗传算法因能有效地求解NP(non-deterministic polynomial)问题，以及非线性、多峰函数优化和多目标优化问题，比较适合求解地球物理反演优化问题。

6.1　遗传算法理论

6.1.1　生物遗传与变异

自然选择学说认为，在自然界所有生物都是适者生存，生物要通过种群内部、种群之间，以及生物与环境之间的竞争，不断进化才能生存下去。在进化过程中，产生更适应环境的(有利)变异个体更容易生存下来，并有更多的机会将该有利变异遗传给后代。适应环境(不利)变异的个体就容易被淘汰，产生后代的机会也将少得多。因此在生存竞争中获胜的个体都是对环境适应性比较强的个体，达尔文把这种在生存竞争中适者生存、不适者被淘汰的过程叫作自然选择。

达尔文的自然选择学说表明，遗传和变异是决定生物进化的内在因素。遗传是指父代与子代之间在性状上存在的相似现象，变异是指父代与子代之间，以及子代的个体之间，在性状上存在差异的现象。生物的遗传和变异关系密切，生物体的遗传性状有时会发生变异，并且变异后的性状有的还可以遗传。遗传能使生物的性状不断传送给后代，保持该物种的特性；而变异使生物的性状发生改变，从而适应新的环境而不断进化。

现代细胞学和遗传学的研究表明，遗传物质的主要载体是染色体。而染色体由许多基因组成，基因是有遗传效应的片段，它储存着遗传信息，可以被准确地复制，也能够发生突变。生物体自身通过对基因的复制和交叉，使其性状的遗传得到选择和控制。同时通过基因重组、基因变异和染色体在结构和数目上的变异产生丰富多彩的变异现象。生物的遗传特性使生物界的物种能够保持相对稳定，而生物的变异特性使生物个体产生新的性状，以至形成新的物种，推动生物的进化和发展。现在普遍认可的生物遗传和进化的规律包括：

(1)生物染色体是由基因及其有规律的排列所构成的，生物的所有遗传信息都包含在其染色体中，染色体决定了生物的性状。

(2)生物的繁殖过程是由其基因的复制过程完成的，同源染色体的交叉或变异会产生新的物种，使生物呈现新的性状。

(3)对环境适应能力强的基因或染色体，比适应能力差的基因或染色体有更多的机会遗传到下一代。

生物在繁殖中可能发生基因交叉和变异，引起生物性状的连续微弱改变，为外界环境的定向选择提供了物质条件和基础，使生物的进化成为可能。人们正是通过对环境的选择、基因的交叉和变异这一生物演化的迭代过程的模仿，提出了能够用于求解最优化问题的强鲁棒性和自适应性的遗传算法。

6.1.2 遗传算法理论基础

模式的定义：模式是描述种群中在位串的某些确定位置上具有相似性的位串子集的相似性模板。

不失一般性，考虑二值字符集{0, 1}，由此可以产生通常的0、1字符串。增加一个符号“*”，称作“通配符”，即“*”既可以当作“0”，也可以当作“1”。这样，二值字符集{0, 1}就扩展为三值字符集{0, 1, *}，由此可以产生诸如0110，0 * 1 1 * *，* * 0 1 * 0之类的字符串。

基于三值字符集{0, 1, *}所产生的能描述具有某些结构相似性的0、1字符串集的字符串，称作模式。这里需要强调的是，“*”只是一个描述符，而并非遗传算法中实际的运算符号，它仅仅是为了描述上的方便而引入的符号。

模式的概念可以简明地描述为具有相似结构特点的个体编码字符串。引入了模式概念之后，遗传算法的本质可认为是对模式所进行的一系列运算，即通过选择操作将当前群体中的优良模式遗传到下一代群体中，通过交叉操作进行模式的重组，通过变异操作进行模式的突变。通过这些遗传运算，一些相对低劣的模式逐渐被淘汰，而一些相对较优的模式逐步被遗传和保留，从而不断进化，最终得到问题的最优解。

多个字符串中隐含着多个不同的模式。确切地说，长度为L的字符串，隐含着$2L$个不同的模式，而不同的模式所匹配的字符串的个数是不同的。为了反映这种确定性的差异，引入模式阶的概念。

模式阶的定义：模式H中确定位置的个数称作该模式的模式阶，记作$O(H)$。如模式

011＊1＊的阶数为4，而模式0＊＊＊＊＊的阶数为1。

显然，一个模式的阶数越高其样本数就越少，因而其确定性就越高。但模式阶并不能反映模式的所有性质，因为同阶模式在遗传操作下也可能会有不同的性质，因此需要引入定义距的概念。

定义距的定义：模式 H 中第一个确定位置和最后一个确定位置之间的距离称作该模式的定义距，记作 $D(H)$。

模式定理：在遗传算法选择、交叉和变异算子的作用下，具有低阶、短定义距，并且其平均适应度高于群体平均适应度的模式在子代中将呈指数级增长。

模式定理又称为遗传算法的基本定理。模式定理阐述了遗传算法的理论基础，说明了模式的增加规律，同时对遗传算法的应用提供了指导。根据模式定理，随着遗传算法一代一代地进行，那些定义距短的、位数少的、高适应度的模式将越来越多，因而可期望最后得到的位串的性能越来越得到改善，并最终趋向全局的最优点。

模式的思路提供了一种简单而有效的方法，能够在有限字符表的基础上讨论有限长位串的严谨定义的相似性。而模式定理从理论上保证了遗传算法是一个可以用来寻求最优可行解的优化过程。

模式定理说明，具有某种结构特征的模式在遗传进化过程中的样本数目将呈指数级增长。这种模式定义为积木块，它在遗传算法中非常重要。

积木块的定义：具有低阶、短定义距以及高平均适应度的模式称作积木块。

由于遗传算法的求解过程并不是在搜索空间中逐一测试各个基因的枚举组合，而是通过一些较好的模式，像搭积木一样，将它们拼接在一起，从而逐渐地构造出适应度越来越高的个体编码串。模式定理说明积木块的样本数呈指数级增长，亦即说明了用遗传算法寻求最优样本的可能性，但它并未指明使用遗传算法一定能够寻求到最优样本，而积木块假设说明了遗传算法的这种能力。

积木块假设：个体的积木块通过选择、交叉、变异等遗传算子的作用，能够相互结合在一起，形成高阶、长距、高平均适应度的个体编码串。

积木块假设说明了用遗传算法求解各类问题的基本思想，即通过基因块之间的相互拼接能够得出问题的更好的解，最终生成全局最优解。

遗传算法的模式定理说明具有高适应度、低阶、短定义矩的模式的数量会在种群的进化中呈指数级增长，从而保证了算法获得最优解的一个必要条件。积木块假设则表明遗传算法有能力使优秀的模式向着更优的方向进化，即遗传算法有能力搜索到全局最优解。

6.1.3 遗传算法基本概念

遗传算法使用群体搜索技术，用种群代表一组问题的解，通过对当前种群施加选择、交叉和变异等一系列遗传操作来产生新一代的种群，并逐步使种群进化到包含近似最优解的状态。由于遗传算法是自然遗传学与计算机科学相互渗透而形成的计算方法，所以遗传算法中经常会使用一些有关自然进化的基础术语，其中的术语对应关系如表6-1所示。

表 6-1 遗传学与遗传算法术语对应关系

遗传学术语	遗传算法术语
群体	可行解集
个体	可行解
染色体	可行解的编码
基因	可行解编码的分量
基因形式	遗传编码
适应度	评价函数值
选择	选择操作
交叉	交叉操作
变异	变异操作

“群体”是生物进化过程中的一个集体，表示可行解集。“个体”是组成群体的单个生物体，表示可行解。

“染色体”是包含生物体所有遗传信息的化合物，表示可行解的编码。“基因”是控制生物体某种性状(即遗传信息)的基本单位，表示可行解编码的分量。

“遗传编码”将优化变量转化为基因的组合表示形式，优化变量的编码机制有二进制编码、十进制编码(实数编码)等。

首先了解一下二进制编码的原理和实现。如求实数区间[0, 10]上函数 $f(x)$ 的最大值，传统的方法是不断调整自变量 x 本身的值，直到获得函数最大值。遗传算法则不对参数本身进行调整，而是首先将参数进行编码形成位串，再对位串进行进化操作。假设使用二进制编码形式，采用长度为 8 的位串表示变量 x，即从“00000000”到“11111111”，并将中间的取值映射到实数区间 [0, 10] 内。由于从整数上来看，8 位长度的二进制编码位串可以表示 0~255，所以对应[0, 10]的区间，每个相邻离散值之间的阶跃值为 10/255 ≈ 0.0392，这个就是编码精度。一般来说，编码越长，精度越高，所得到的解的质量也越高，意味着解更为优良，但长编码操作所需的计算量也更大，算法的耗时将更长，因而在解决实际问题时，编码位数需要适当选择。

基于二进制编码的个体尽管操作方便、计算简单，但也存在一些难以克服的困难而无法满足所有问题的要求。如对于高维、连续优化问题，由于从一个连续量离散化为一个二进制量本身存在误差，算法很难求得精确解。而要提高解的精度，又必须加长编码串的长度，这就造成解空间扩大，算法效率下降。同时二进制编码不利于反映所求问题的特定信息，对问题信息和知识利用得不充分也会阻碍算法效率的进一步提高。为了解决二进制编码产生的问题，在解决一些数值优化问题(尤其是高维、连续优化问题)时，经常采用实数编码方式。实数编码的优点是计算精确度高，便于和经典连续优化算法结合，适用于数值优化问题；但其缺点是适用范围有限，只能用于连续变量问题。

“适应度”表示生物群体中个体适应生存环境的能力。在遗传算法中，用来评价个体优劣的数学函数，称为个体的适应度函数。遗传算法在进化搜索中基本上不用外部信息，仅以适应度函数为依据。它的目标函数不受连续可微的约束，且定义域可以为任意集合。对适应度函数的唯一要求是，针对输入，可计算出能进行比较的结果，这一特点使得遗传算法应用范围很广。在具体应用中，适应度函数的设计要结合求解问题本身的要求而定。适应度函数评估是选择操作的依据，适应度函数设计直接影响遗传算法的性能。常见的适应度函数构造方法如将目标函数映射成适应度函数等。

“遗传操作”是优选强势个体的“选择”、个体间交换基因产生新个体的“交叉”、个体基因信息突变而产生新个体的“变异”这三种变换的统称。在生物进化过程中，一个群体中生物特性的保持是通过遗传来实现的。生物的遗传主要是通过选择、交叉、变异三个过程把当前父代群体的遗传信息传递到下一代（子代）成员。与此对应，遗传算法中最优解的搜索过程也是通过模仿这种生物进化过程，使用所谓的遗传算子来实现，即“选择算子”“交叉算子”和“变异算子”。

“选择算子”：根据个体的适应度，按照一定的规则或方法，从第 t 代群体 $P(t)$ 中选择出一些优良的个体遗传到下一代群体 $P(t+1)$ 中。其中，“轮盘赌”选择法是遗传算法中最早提出的一种选择方法。它是一种基于比例的选择，利用个体适应度所占比例的大小来决定其子代保留的可能性。若某个体 i 的适应度为 f_i，种群大小为 N_P，则它被选取的概率表示为：

$$p_i = \frac{f_i}{\sum_{t=1}^{N_p} f_t} \qquad (i = 1, 2, \cdots, N_p) \tag{6.1}$$

个体适应度越大，其被选择的机会也越大，反之机会越小。为了选择交叉个体，需要进行多轮选择。每一轮产生一个[0, 1]内的均匀随机数，将该随机数作为选择指针来确定被选个体。

“交叉算子”：将群体 $P(t)$ 中选中的个体随机搭配，对每一对个体，以某一概率（交叉概率 P_c）交换它们之间的部分染色体。通过交叉，遗传算法的搜索能力得以飞跃提升。

进行交叉操作时，首先从交叉池中随机取出一对要交叉的个体，然后根据位串长度 L，对这对要交叉的个体随机选取 $[1, L-1]$ 中的一个或多个整数 k 作为交叉位置。最后根据交叉概率 P_c 实施交叉操作，配对个体在交叉位置相互交换各自的部分基因，从而形成一对新的个体。

“变异算子”：对群体中的每个个体，以某一概率（变异概率 P_m）将某一个或某一些基因位上的基因值改变为其他等位基因值。根据个体编码方式的不同，变异方式有二进制变异和实值变异。对于二进制变异，将相应的基因值取反即可。对于实值变异，相应的基因值用取值范围内的其他随机值替代。

进行变异操作时，首先对种群中所有个体按事先设定的变异概率判断是否进行变异，然后对进行变异的个体随机选择变异位进行变异。

6.1.4 标准遗传算法

标准遗传算法（standard genetic algorithm，SGA）是由 J. H. Holland 等于 1975 年提出的，许多相关概念一直沿用至今，遗传算法通用的编码技术和简单有效的遗传操作为其后来的成功和广泛应用奠定了基础。标准遗传算法又称为经典遗传算法，它的优化变量由二进制编码来描述，多个优化变量的二进制编码串接在一起组成染色体，这种编码既适用于交叉操作，又适用于变异操作。在创建初始群体时，代表个体的二进制串是在一定字长的限制下随机产生的。交叉算子作用在按交叉概率选中的两个染色体上，随机选中交叉位置，将两个染色体上对应于这些位置的二进制数值进行交换，生成两个新的个体。而变异算子作用在按变异概率随机选中的个体上，一般是随机选定变异位，将该位的二进制值取反，生成一个新的个体。

遗传算法直接以目标函数值作为搜索信息。它仅使用由目标函数值变换得来的适应度函数值，就可确定进一步的搜索方向和搜索范围，而不需要目标函数的导数值等其他辅助信息。实际应用中很多函数无法或很难求导，甚至根本不存在导数，对于这类目标函数的优化和组合优化问题，遗传算法显示出高度的优越性，因为它避开了函数求导这个障碍。

遗传算法同时使用多个搜索点的搜索信息，其对最优解的搜索过程，是从一个由很多个体所组成的初始群体开始的，而不是从单一的个体开始的。通过这个群体进行选择、交叉、变异等运算，产生新一代的群体，其中包括了很多群体信息。这些信息可以避免搜索一些不必搜索的点，相当于搜索了更多的点，这是遗传算法所特有的一种隐含并行性。

遗传算法是一种基于概率的搜索技术，其属于自适应概率搜索技术，遗传算法的选择、交叉、变异等运算都是以一种概率的方式进行的，从而增加了其搜索过程的灵活性。虽然这种概率特性也会使群体中产生一些适应度不高的个体，但随着进化过程的进行，新的群体中总会产生更多的优良的个体。与其他一些算法相比，遗传算法的鲁棒性使得参数对其搜索效果的影响尽可能小。

遗传算法具有自组织、自适应和自学习等特性。当遗传算法利用进化过程获得信息自行组织搜索时，适应度大的个体具有较高的生存概率，并获得更适应环境的基因结构。同时，遗传算法具有可扩展性，易于同别的算法相结合，形成综合双方优势的混合算法。

6.2 遗传算法流程

遗传算法使用群体搜索技术，通过对当前群体施加选择、交叉、变异等一系列遗传操作，产生新一代的群体，并逐步使群体进化到包含或接近最优解的状态。

在遗传算法中，将 n 维决策向量 $\boldsymbol{X}$ 用 n 个记号 $X_i(i=1,\ 2,\ \cdots,\ n)$ 所组成的符号串 X 来表示：

$$\boldsymbol{X}=X_1,\ X_2,\ \cdots,\ X_n \Rightarrow \boldsymbol{X}=[x_1,\ x_2,\ \cdots,\ x_n]^{\mathrm{T}}$$

把每一个 X_i 看作一个遗传基因，它的所有可能取值就称为等位基因。这样 $\boldsymbol{X}$ 就可看作由一个 n 个遗传基因所组成的染色体。一般情况下染色体的长度是固定的，但对一些问题来说它也可以是变化的。根据不同的情况，等位基因可以是一组整数，也可以是某一范围内的实数，或者是一个纯粹的记号。最简单的等位基因是由 0 或 1 的符号串组成的，相应的染色体就可以表示为一个二进制符号串。这种编码所形成的排列形式是个体的基因型，与它对应的 X 值是个体的表现型。染色体 X 也称为个体 X，对于每一个个体 X，要按照一定的规则确定其适应度。个体的适应度与其对应的个体表现型 X 的目标函数值相关联，X 越接近目标函数的最优点，其适应度越大，反之适应度越小。

在遗传算法中，决策向量 $\boldsymbol{X}$ 组成了问题的解空间。对问题最优解的搜索是通过对染色体 X 的搜索过程来完成的，因而所有的染色体 X 就组成了问题的搜索空间。

生物的进化过程主要是通过染色体之间的交叉和染色体基因的变异来完成的。遗传算法中最优解的搜索过程正是模仿生物的这种进化过程，进行反复迭代，从第 t 代群体 $P(t)$，经过一代遗传和进化后，得到第 $t+1$ 代群体 $P(t+1)$。这个群体经过不断的遗传和进化操作，并且每次都按照优胜劣汰的规则将适应度较高的个体更多地遗传到下一代，最终在群体中得到一个优良的个体 X，达到或接近问题的最优解。

遗传算法的运算流程如算法 6-1 所示。

算法 6-1　遗传算法

Ⅰ 初始化，设进化代数计数器 $g=0$，设最大进化代数 G，随机生成 N_P 个个体作为初始群体 $P(0)$。

Ⅱ 个体评价，计算群体 $P(t)$ 中各个个体的适应度。

Ⅲ 选择运算，将选择算子作用于群体，根据个体的适应度按照一定的规则或方法，选择一些优良个体遗传到下一代群体。

Ⅳ 交叉运算，将交叉算子作用于群体，对选中的成对个体以某一概率交换它们之间的部分染色体，产生新的个体。

Ⅴ 变异运算，将变异算子作用于群体，对选中的个体以某一概率改变某一个或某一些基因值为其他的等位基因。

Ⅵ 循环操作，群体 $P(t)$ 经过选择、交叉和变异运算之后得到下一代群体 $P(t+1)$。计算其适应度，并根据适应度进行排序，准备进行下一次遗传操作。

Ⅶ 终止条件判断，若 $g \leq G$，则 $g=g+1$，转到步骤Ⅱ继续。若 $g>G$，则此进化过程中所得到的具有最大适应度的个体作为最优解输出，终止计算。

遗传算法的一些算法参数在迭代过程中起着至关重要的作用，这些参数包括种群规模 N_P，交叉概率 P_c，变异概率 P_m，遗传运算的终止进化代数 G 等。

种群规模 N_P 影响遗传优化的最终结果以及遗传算法的执行效率。当种群规模太小时，遗传优化性能一般不会太好。采用较大的种群规模可以减小遗传算法陷入局部最优解的概率，但较大的种群规模意味着计算复杂度较高。一般 N_P 取 10~200。

交叉概率 P_c 控制着交叉操作被使用的频度。较大的交叉概率可以增强遗传算法开辟新的搜索区域的能力，但高性能模式遭到破坏的可能性更大。若交叉概率太低，遗传算法搜索可能陷入迟钝状态。一般 P_c 取 0. 25~1. 00。

变异在遗传算法中属于辅助性的搜索操作，它的主要目的是保持群体的多样性。一般低频度的变异可防止群体中的重要基因丢失，高频度的变异将使遗传算法趋于纯粹的随机搜索。通常 P_m 取 0. 001~0. 1。

终止进化代数 G 是表示遗传算法运行结束条件的一个参数，它表示遗传算法运行到指定的进化代数之后就停止运行，并将当前群体中的最佳个体作为所求问题的最优解输出。一般视具体问题而定，G 的取值为 100~1000。

6.3　地球物理反演示例

同样采用例 2-1 中均匀大地极化球体上方地表水平测线的自然电场观测数据进行反演以测试遗传算法的应用效果。具体算法参数设置、迭代计算过程中的数值结果如表 6-2 所示。反演计算结果与观测数据拟合情况、拟合差收敛情况分别如图 6-1、图 6-2 所示。

表 6-2 反演参数及结果

参数	取值	先验区间	反演结果
测线长度/m	50	—	—
采样间隔/m	2.5	—	—
种群大小	200	—	—
最大迭代次数	100	—	—
交叉率	0.9	—	—
变异率	0.1	—	—
电偶极矩/(C·m)	—	0~100	51.0997
球心位置/m	—	0~50	24.7217
球心埋深/m	—	0~30	10.0531
极化角/(°)	—	45~135	87.4537
拟合差	—	—	0.0107

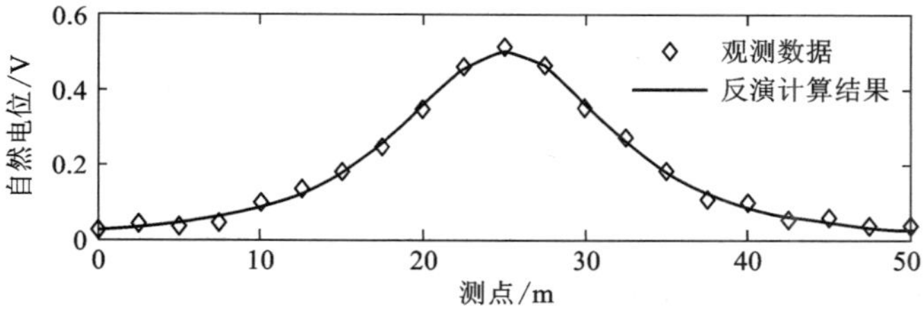

图 6-1 观测及反演曲线对比图

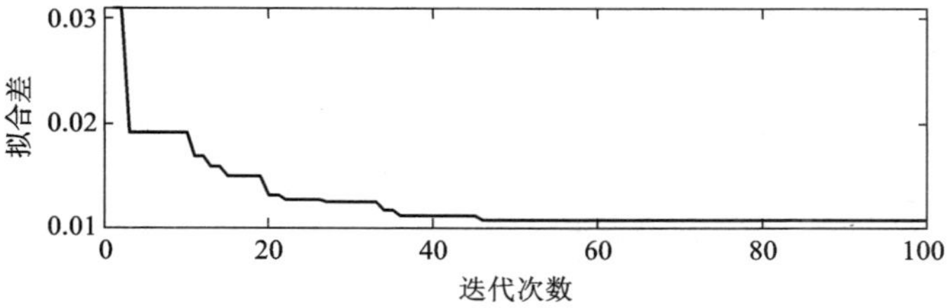

图 6-2 遗传算法适应度曲线

随机生成初始化种群，每个种群中包含反演参数。计算每个个体的适应度(fitness)，即反演参数在既定模型中与观测数据的误差。

使用轮盘赌选择法根据适应度选择个体，适应度高的个体被选择的概率较大。对选中的个体进行交叉操作，生成新的子代。交叉操作是从两个父代个体中交换部分基因以生成子代个体。

对交叉后生成的子代进行变异操作，变异率决定了每个基因变异的概率。变异是随机改变个体的一部分基因值。计算变异后的新种群每个个体的适应度。

从当前种群和新生成的种群中选择适应度较高的个体组成下一代种群。重复选择、交叉、变异和评估的过程，直到达到最大迭代次数。每一次迭代中，记录并输出当前种群中适应度最好的个体及其参数值。

遗传算法求极化球体模型参数的具体 Matlab 程序代码如程序 6-1～程序 6-4 所示，其中程序 6-1 为主程序。

程序 6-1 遗传算法反演主程序

```
clear;
clc;
rng shuffle;
% ---------------读取待反演的观测数据--------------- %
data = load('shsp.mat');
X =data.X;                    % 测点点位
SPobs = data.SPobs;      % 观测数据
L = max(X) - min(X);                          %测线长度(米)
sample_interval = X(2) - X(1);                % 采样间隔(米)
%设置遗传算法参数
popSize = 200;                                % 种群大小
maxiter = 100;                                % 最大迭代次数
crossRate = 0.9;                              % 交叉率
mutationRate = 0.1;                           % 变异率
D = 4;                                        % 参数维度
lb = [0, 0, 0, 45];                           % 参数下界 (K, X0, H, AA)
ub = [100, 50, 30, 135];                      % 参数上界
Q = 1.5;                                      % 已知 Q 值
% ---------------反演模型相关参数--------------- %
K0 =50; X0 = 25; H = 10; AA = 90;
%%初始化种群
pop =repmat(lb, popSize, 1) + rand(popSize, D) .* (repmat(ub - lb, popSize, 1));
%评估初始种群
fitness = arrayfun (@ (index) ObjectiveFunction (pop (index, :), L, sample_interval, SPobs, Q), 1:
popSize);
%记录每一代的最优适应度
bestFitness = zeros(1, maxiter);
%遗传算法主循环
for gen =1: maxiter
%选择操作
selectedIndices = Selection(fitness);
selectedPop = pop(selectedIndices, :);
%交叉操作
crossedPop = Crossover(selectedPop, crossRate, lb, ub);
```

续程序 6-1

```
    %变异操作
    mutatedPop = Mutation(crossedPop, mutationRate, lb, ub);
    %评估
    newFitness = arrayfun(@(index) ObjectiveFunction(mutatedPop(index, :), L, sample_interval, SPobs,
Q), 1:popSize);
    %选择下一代
    [pop, fitness] =SelectNextGeneration(pop, mutatedPop, fitness, newFitness);
    %打印当前最佳解
    [minFitness, minIndex] = min(fitness);
    bestParams = pop(minIndex, :);
    %记录最优适应度值
    bestFitness(gen) = minFitness;
    disp(['Generation ', num2str(gen), ': Best Fitness = ', num2str(minFitness)]);
    disp(['K: ', num2str(bestParams(1))]);
    disp(['x0: ', num2str(bestParams(2))]);
    disp(['h: ', num2str(bestParams(3))]);
    disp(['a: ', num2str(bestParams(4))]);
    end
    %绘图
    SPinv = SP_forward(bestParams, L, sample_interval, Q);
    figure(1)
    plot(X, SPobs, 'd', 'color', 'k', 'MarkerSize', 10);
    hold on
    plot(X, SPinv, 'color', 'k', 'LineWidth', 1);
    ylabel('SP (V)', 'fontsize', 12);
    xlabel('Location (m)', 'fontsize', 12);
    o = legend('\fontsize{12} \it Observed', '\fontsize{12} \it Inversion', 'location', 'northeast');
    set(o, 'box', 'off');
    set(gca, 'fontsize', 12);
    box on
    hold off
    %绘制适应度曲线
    figure(2)
    plot(1:maxiter, bestFitness, 'k', 'LineWidth', 2);
    xlabel('Generation', 'fontsize', 12);
    ylabel('Best Fitness', 'fontsize', 12);
    title('Fitness Curve', 'fontsize', 14);
    grid on
    set(gca, 'fontsize', 12);
```

程序 6-2　遗传算法正演计算函数

```
function d =SP_forward(X, L, sample_interval, Q)
    k =X(1); x0 = X(2); h = X(3); a = X(4);
    a1 = a * pi / 180;                          % 将倾角转化为弧度制
    num_samples = L / sample_interval + 1;
    d =zeros(1, num_samples);
    fori = 1: num_samples
      x = (i - 1) * sample_interval;
      d(i) = k * ((x - x0) * cos(a1) + h * sin(a1)) / ((h^2 + (x - x0)^2)^Q);    % 计算电位异常
    end
end
```

程序 6-3　遗传算法目标函数计算函数

```
function f =ObjectiveFunction(X, L, sample_interval, U_obs, Q)
    % 根据遗传算法的个体参数计算目标函数值
    U_cal = SP_forward(X, L, sample_interval, Q);      % 计算模型的电位异常
    f =sqrt(mean((U_obs - U_cal).^2));            % 计算均方根误差 (RMSE)
end
```

程序 6-4　遗传算法迭代函数

```
function indices = Selection(fitness)
    % 使用排序选择，避免负适应度值和不稳定的选择概率
    [~, sortedIndices] = sort(fitness);
    indices =sortedIndices(1: length(fitness));
end
% 交叉操作
functionnewPop = Crossover(pop, crossRate, lb, ub)
    % 单点交叉操作
    [popSize, D] = size(pop);                   % 种群大小和基因长度
    newPop = pop;                               % 初始化新种群
    fori = 1: 2: popSize-1                      % 步长为 2，每次选取两个个体进行交叉
        if rand <=crossRate                     % 按交叉率执行交叉操作
            % 随机选择一个交叉点
            cp =randi([1, D-1]);                % 交叉点
            % 交换基因
            newPop(i, cp+1: D) = pop(i+1, cp+1: D);
            newPop(i+1, cp+1: D) = pop(i, cp+1: D);
            % 确保子代在定义域内
            newPop(i, : ) = min(max(newPop(i, : ), lb), ub);
            newPop(i+1, : ) = min(max(newPop(i+1, : ), lb), ub);
        end
    end
end
```

续程序 6-4

```
% 变异操作
functionnewPop = Mutation(pop, mutationRate, lb, ub)
    % 均匀变异操作
    [popSize, D] = size(pop);                    % 种群大小和基因长度
    newPop = pop;                                 % 初始化新种群
    fori = 1: popSize
        for j = 1: D
            if rand <=mutationRate % 按变异率执行变异操作
                % 在定义域内随机生成新的基因值
                newPop(i, j) = lb(j) + (ub(j) - lb(j)) * rand;
            end
        end
    end
end
% 选择下一代
function [newPop, newFitness] = SelectNextGeneration(oldPop, newPop, oldFitness, newFitness)
    % 保留新老种群中适应度值较好的个体
    combinedPop = [oldPop; newPop];
    combinedFitness = [oldFitness, newFitness];
    [~, indices] = sort(combinedFitness);
    newPop = combinedPop(indices(1: size(oldPop, 1)), : );
    newFitness = combinedFitness(indices(1: length(oldFitness)));
end
```

第 7 章　蚁群优化算法

自然界中存在许多生物群体，有些个体比较简单的生物群体却能表现出比较复杂的智能行为。比如蚂蚁群体有能力在没有任何提示的情形下找到从巢穴到食物源的最短路径，并且能随环境的变化，适应性地搜索新的最佳路径。蚁群优化算法(ant colony optimization, ACO)就是模拟蚁群觅食过程的一种仿生进化算法，也称群智能算法。M. Dorigo、V. Maniezzo 和 A. Colorni 等人通过模拟自然界中的蚂蚁集体寻径行为，提出了这种基于种群的启发式随机搜索算法。

蚁群优化算法具有分布式计算、无中心控制和分布式个体之间间接通信等特征，易于与其他优化算法相结合，它通过简单个体之间的协作表现出了求解复杂问题的能力，已被广泛应用于求解优化问题。蚁群算法相对而言易于实现，且算法中并不涉及复杂的数学操作，其处理过程对计算机的软硬件要求也不高。对蚁群优化算法理论和应用的研究，已成为国际计算智能领域关注的热点，蚁群优化算法作为一种新兴的进化算法，已在智能优化等领域表现出了强大的生命力。

7.1　蚁群优化算法理论

蚁群优化算法是对自然界蚂蚁的寻径方式进行模拟而得出的一种仿生算法。蚂蚁在运动过程中，能够在它所经过的路径上留下信息素进行信息传递，而且蚂蚁在运动过程中能够感知这种物质，并以此来指导自己的运动方向。因此大量蚂蚁组成的蚁群的集体行为表现出一种信息正反馈现象，结果是某一路径上走过的蚂蚁越多，则后来者选择该路径的概率就越大。

蚂蚁搜寻食物的具体过程如下：最开始由于环境中没有信息素的遗留，蚂蚁寻找食物完全是随机选择路径，之后寻找该食物源的蚂蚁会受到先前蚂蚁所残留的信息素的影响，蚂蚁在选择路径时趋向于选择信息素浓度高的路径。同时信息素是一种挥发性化学物，会随着时间的推移而慢慢地消失。如果每只蚂蚁在单位距离留下的信息素相同，较短路径上残留的信息素浓度就相对较高，其被后来的蚂蚁选择的概率就较大，从而导致这条较短路径上走的蚂蚁较多。而经过的蚂蚁越多，该路径上残留的信息素就将越多，这样使得整个蚂蚁的集体行为构成了信息素的正反馈过程，最终整个蚁群会找出最优路径。

如图 7-1 所示，蚂蚁以相同的速度从 A 点出发，前往食物所在的 D 点，最开始它们可能随机选择路线 ABD 或 ACD。假设初始时每条路线分配 1 只蚂蚁，每个单位时间行走 1 步。则经过 8 个单位时间后走路线 ABD 的蚂蚁到达了目的地 D 点，而走路线 ACD 的蚂蚁还在途中，距离目的地 D 点还有一段路程。再经过若干个单位时间后，走路线 ACD 的蚂蚁终于也到达了目的地 D 点，而走路线 ABD 的蚂蚁已从目的地将食物搬运回了 A 点。

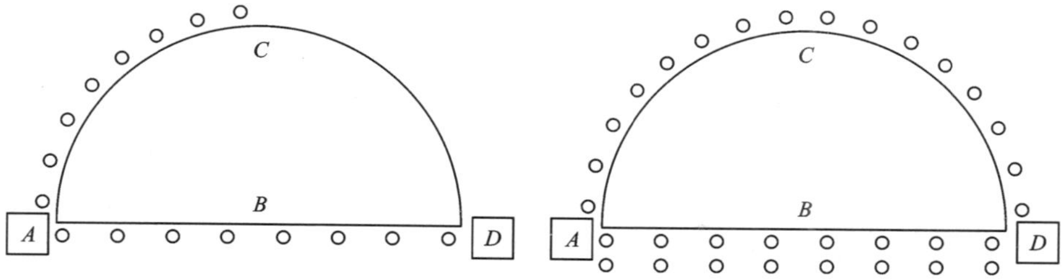

图 7-1　蚂蚁觅食路径示意图

假如蚂蚁每经过一处所留下的信息素为 1 个单位，则当走路线 *ACD* 的蚂蚁搬运食物返回 *A* 点后，走 *ABD* 路线的蚂蚁已经往返了 2 趟多。此时，路线 *ABD* 上的信息素强度是路线 *ACD* 上信息素强度的 2 倍以上。随着蚁群搬运食物的过程继续进行，按信息素的指导，蚁群在 *ABD* 路线上增加了蚂蚁，而 *ACD* 路线上仍然只有 1 只蚂蚁。再经过一趟前述过程的搬运后，两条线路上的信息素强度比值会进一步提高到 4 倍以上。随着比值不断提高，最终在信息素的指导下，所有的蚂蚁都会放弃 *ACD* 路线，而选择 *ABD* 路线，这就是蚁群觅食路径的寻优过程。

基于以上自然界蚁群觅食路径的寻优过程，可以构造人工蚁群来求解最优化问题。首先需要把待优化问题的每个参数 X_i 根据精度需求在可行性解空间（搜索空间）中进行离散，这些离散点就构成了解空间中的路径节点，在每个参数中均取唯一 1 个节点，就构成了一条可行路径。所有参数的不同取值节点可以构成无数条可行路径，原来的最优化问题就转化成了最佳路径的寻优。人工蚁群中把具有简单功能的工作单元看作人工蚂蚁，并优先选择信息素浓度高的路径。最优路径的信息素浓度高，最终会被所有蚂蚁选择，也就是最终的优化结果。人工蚁群需要有一定的记忆能力，能够存储记录经过的路径节点。同时，人工蚁群选择下一条路径的时候是按一定算法规律有意识地寻找最优路径，而不是盲目选择的。

信息素是路径选择的关键，其更新方式包括“增强”和“挥发”。“增强”是给评价值“好”（如有蚂蚁走过）的路径增加信息素。“挥发”就是所有路径上的信息素以一定的比例减少，模拟自然蚁群的信息素随时间挥发的过程。蚂蚁向下一个路径节点的运动通过一个随机函数来实现，运用当前所在节点存储的信息，计算出下一步可达节点的概率，并按此概率实现下一步移动，如此往复，越来越接近最优解。蚂蚁在寻径过程中，或在找到一个解后会评估该解或解的一部分的优化程度，并把评价信息保存在相关连接的信息素中。

蚁群算法是一种基于群体的、用于求解复杂优化问题的通用搜索技术。与真实蚂蚁通过外信息的留存、跟随行为进行间接通信相似，蚁群算法中一群简单的人工蚂蚁通过信息素进行间接通信，并利用该信息和与问题相关的启发式信息逐步构造问题的解。人工蚂蚁是真实蚂蚁的抽象，具有真实蚂蚁的特性，如它们是一群相互协作的个体，都使用信息素的增强和挥发机制，都是通过若干步局部移动构成一条完整路径，在选择节点时都采用了随机状态转移策略。另外人工蚂蚁还有一些真实蚂蚁所没有的特性，使其在解决实际优化问题时，具有更好的搜索最优解的能力。如人工蚂蚁生活在离散的时间，从一种离散状态到另一种离散状态；人工蚂蚁具有内部状态，即人工蚂蚁具有一定的记忆能力，能记住自己走过的地方；人工蚂蚁释放信息素的数量是其生成解的质量的函数；人工蚂蚁更新信息素的时机依赖于特定的问题，如大多数人工蚂蚁仅在其找到一个解之后才更新路径上的信息素。

7.2 基本蚁群算法流程

最初的蚁群优化算法是针对经典的旅行商问题(travelling salesman problem, TSP)求解而提出的。简单来说，旅行商问题就是给定一系列城市和每两个城市之间的距离，求解访问每一座城市后回到起始城市的最短路径。它是运筹学和理论计算机科学中非常重要的一个组合优化难点问题。

7.2.1 算法流程

求解 TSP 的基本蚁群优化算法过程为：首先将 m 只蚂蚁随机放到 n 座城市，同时将每只蚂蚁的禁忌表 tabu 的第一个元素设置为其当前所在的城市。此时各路径上的信息素量相等，设 $\tau_{ij}(0)=c$(c 为一较小的常数)，然后每只蚂蚁根据路径上残留的信息素量和启发式信息(如两城市间的距离)独立地选择下一座城市，在时刻 t 蚂蚁 k 从城市 i 转移到城市 j 的概率 $p_{ij}^{k}(t)$ 为：

$$p_{ij}^{k}(t)=\begin{cases}\dfrac{[\tau_{ij}(t)]^{\alpha}\cdot[\eta_{ij}(t)]^{\beta}}{\sum\limits_{s\in J_k(i)}[\tau_{is}(t)]^{\alpha}\cdot[\eta_{is}]^{\beta}}, & j\in J_k(i)\\ 0, & 其他\end{cases} \tag{7-1}$$

式中，$J_k(i)=\{1,2,\cdots,n\}-\text{tabu}_k$，表示蚂蚁 k 下一步允许选择的城市集合。禁忌表 tabu_k 记录了蚂蚁 k 当前走过的城市。当所有 n 座城市都加入禁忌表 tabu_k 中时，蚂蚁 k 便完成了一次周游，此时蚂蚁 k 所走过的路径便是 TSP 的一个可行解。式(7-1)中的 η_{ij} 是一个启发式因子，表示蚂蚁从城市 i 转移到城市 j 的期望程度。在蚁群算法中，η_{ij} 通常取城市 i 与城市 j 之间距离的倒数。α 和 β 分别表示信息素和期望启发式因子的相对重要程度。当所有蚂蚁完成一次周游后，各路径上的信息素根据式(7-2)进行更新：

$$\tau_{ij}(t+n)=(1-\rho)\cdot\tau_{ij}(t)+\Delta\tau_{ij} \tag{7-2}$$

式中，$\rho(0<\rho<1)$ 表示路径上信息素的蒸发系数，$1-\rho$ 表示信息素的持久性系数，$\Delta\tau_{ij}$ 表示本次迭代中路径 ij 上信息素的增量，即：

$$\Delta\tau_{ij}=\sum_{k=1}^{m}\Delta\tau_{ij}^{k} \tag{7-3}$$

式中，$\Delta\tau_{ij}^{k}$ 表示第 k 只蚂蚁在本次迭代中留在路径 ij 上的信息素量，如果蚂蚁 k 没有经过路径 ij，则 $\Delta\tau_{ij}^{k}$ 的值为零。$\Delta\tau_{ij}^{k}$ 可表示为：

$$\Delta\tau_{ij}^{k}=\begin{cases}\dfrac{Q}{L_k}, & 蚂蚁\ k\ 在本次周游中经过边\ ij\\ 0, & 其他\end{cases} \tag{7-4}$$

式中，Q 为正常数，L_k 表示第 k 只蚂蚁在本次周游中所走过路径的长度。

M. Dorigo 提出了 3 种蚁群算法的模型，其中式(7-4)称为 ant-cycle 模型，另外两个模型分别称为 ant-quantity 模型和 ant-density 模型，其差别主要在于 $\Delta\tau_{ij}^{k}$ 的表示。在 ant-quantity 模型中，$\Delta\tau_{ij}^{k}$ 表示为：

$$\Delta\tau_{ij}^{k}=\begin{cases}\dfrac{Q}{d_{ij}}, & \text{蚂蚁 } k \text{ 在时刻 } t \text{ 和 } t+1 \text{ 经过边 } ij\\ 0, & \text{其他}\end{cases} \tag{7-5}$$

而在 ant-density 模型中，$\Delta\tau_{ij}{}^{k}$ 表示为：

$$\Delta\tau_{ij}^{k}=\begin{cases}Q, & \text{蚂蚁 } k \text{ 在时刻 } t \text{ 和 } t+1 \text{ 经过边 } ij\\ 0, & \text{其他}\end{cases} \tag{7-6}$$

蚁群优化算法实际上是正反馈原理和启发式算法相结合的一种算法。在选择路径时，蚂蚁不仅利用了路径上的信息素，而且用到了城市间距离的倒数作为启发式因子。实验结果表明，ant-cycle 模型比 ant-quantity 和 ant-density 模型有更好的性能。这是因为 ant-cycle 模型利用全局信息更新路径上的信息素量，而 ant-quantity 和 ant-density 模型使用的是局部信息。

蚁群优化算法的流程如图 7-2 所示。

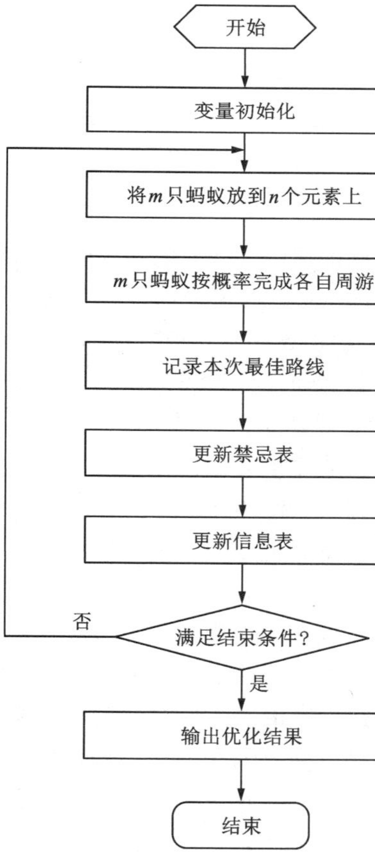

图 7-2　蚁群优化算法流程

基本蚁群算法的具体实现步骤如算法 7-1 所示：

算法 7-1　蚁群算法

Ⅰ初始化，令时间 $t=0$ 和循环次数 $N_c=0$，设置最大循环次数 G，将 m 个蚂蚁置于 n 个元素（城市）上，令有向图上每条边 (i, j) 的初始化信息素量 $\tau_{ij}(t)=c$，其中 c 表示常数，且初始时刻 $\Delta\tau_{ij}(0)=0$。

Ⅱ循环次数 $N_c=N_c+1$。

Ⅲ蚂蚁的禁忌表索引号 $k=1$。

Ⅳ蚂蚁数目 $k=k+1$。

Ⅴ蚂蚁个体根据状态转移概率公式(7-1)计算的概率选择元素 j 并前进，$j\in\{J_k(i)\}$。

Ⅵ修改禁忌表指针，即选择好元素 j 之后将蚂蚁移动到新的元素，并把该元素移动到该蚂蚁个体的禁忌表中。

Ⅶ 若集合 C 中元素未遍历完，即 $k<m$，则跳转到第Ⅳ步，否则继续执行第Ⅷ步。

Ⅷ 记录本次最佳路线。

Ⅸ 根据式(7-2)和式(7-3)更新每条路径上的信息量。

Ⅹ 若满足结束条件，即如果循环次数 $N_c\geqslant G$，则循环结束并输出程序优化结果，否则清空禁忌表并跳转到第Ⅱ步继续。

7.2.2　算法参数

在蚁群优化算法中，不仅信息素和启发函数的乘积以及蚂蚁之间的合作行为会严重影响到算法的收敛性，蚁群算法的参数也是影响其求解性能和效率的关键因素。信息素启发式因子 α、期望启发因子 β、信息素挥发系数 ρ、信息素强度 Q、蚂蚁数目 m 等都是非常重要的参数，其选取方法和选取原则直接影响到蚁群算法的全局收敛性和求解效率。

信息素启发式因子 α 代表信息量对是否选择当前路径的影响程度，即反映蚂蚁在运动过程中所积累的信息量在指导蚁群搜索中的相对重要程度。α 的大小反映了蚁群在搜索路径中的随机性因素作用的强度，其值越大，蚂蚁选择以前走过的路径的可能性就越大，搜索的随机性就会越弱。而当启发式因子 α 的值过小时，易使蚁群的搜索过早陷于局部最优。根据经验，信息素启发式因子 α 的取值范围一般为 $[l, 4]$ 时，蚁群算法的综合求解性能较好。

期望启发因子 β 表示在搜索时路径上的信息素在指导蚂蚁选择路径时的向导性，它的大小反映了蚁群在搜索最优路径的过程中的先验性和确定性因素的作用强度。期望启发因子 β 的值越大，蚂蚁在某个局部点选择局部最短路径的可能性就越大。虽然这样可以使得算法的收敛速度加快，但蚁群搜索最优路径的随机性减弱，搜索易陷入局部最优解。根据经验，期望启发因子 β 的取值范围一般为 $[3, 5]$，此时蚁群算法的综合求解性能较好。

实际上信息素启发式因子 α 和期望启发因子 β 是一对关联性很强的参数。蚁群优化算法的全局寻优性能首先要求蚁群的搜索过程必须要有很强的随机性，而算法的快速收敛性能又要求蚁群的搜索过程必须要有较高的确定性。因此两者对蚁群算法性能的影响和作用是相互配合、密切相关的，算法要获得最优解，就必须在这二者之间选取一个平衡点。只有正确选定它们之间的搭配关系，才能避免在搜索过程中出现过早停滞或陷入局部最优等情况的发生。

蚁群优化算法中的人工蚂蚁是具有记忆功能的，随着时间的推移，先前留下的信息素将会逐渐挥发。蚁群优化算法与其他各种仿生进化算法一样，也存在着收敛速度慢、容易陷入局部最优解等缺陷。而信息素挥发系数 ρ 的选择将直接影响到整个蚁群算法的收敛速度和全局搜索性能。在蚁群优化算法的抽象模型中，ρ 表示信息素蒸发系数，$1-\rho$ 则表示信息素持久性系数。因此，ρ 的取值范围应该是 0~1，表示信息素的蒸发程度，它实际上反映了蚂蚁群体中个体之间相互影响的强弱。ρ 过小时，表示以前搜索过的路径被再次选择的可能性过大，会影响到算法的随机性能和全局搜索能力。ρ 过大时，说明路径上的信息素挥发得过多，虽然可以提高算法的随机搜索性能和全局搜索能力，但过多无用搜索操作势必会降低算法的收敛速度。

蚁群优化算法也是一种随机搜索算法，其与其他模拟进化算法一样，通过多个候选解组成的群体进化过程来寻求最优解。该过程不仅需要个体的自适应能力，更需要群体之间的相互协作能力。蚁群在搜索过程中之所以表现出复杂有序的行为，是因为个体之间的信息交流与相互协作起着至关重要的作用。对于旅行商问题，单个蚂蚁在一次循环中所经过的路径，表现为问题可行解集中的一个解。m 只蚂蚁在一次循环中所经过的路径，则表现为问题解集中的一个子集。子集增大(即蚂蚁数量增多)，可以提高蚁群算法的全局搜索能力以及算法的稳定性。但蚂蚁数目增大后，会使大量的曾被搜索过的解(路径)上的信息素的变化趋于平均，信息正反馈的作用不明显，此时虽然搜索的随机性得到了加强，但收敛速度会减慢。反之，子集较小(蚂蚁数量少)，特别是当要处理的问题规模比较大时，会使那些从未被搜索到的解(路径)上的信息素量减小到接近于 0，搜索的随机性减弱，此时虽然收敛速度加快了，但算法的全局性能降低，算法的稳定性变差，容易出现过早停滞现象。一般问题的 m 取值范围为 10~50。

总信息量 Q 对算法性能的影响依赖于信息启发式因子 α、期望启发式因子 β 和信息素挥发因子 ρ 这三个参数的选取，以及具体的算法模型。例如，在 ant-cycle 模型和 ant-quantity 模型中，总信息量 Q 的作用显然有很大差异，即随着问题规模的不同，Q 的影响程度也不同。研究表明，总信息量 Q 对 ant-cycle 模型蚁群算法的性能没有明显的影响。

最大进化代数 G 是一个表示蚁群算法运行结束条件的参数，表示蚁群算法运行到指定的进化代数之后就停止运行，并将当前群体中的最佳个体作为所求问题的最优解输出。一般情况下 G 为 100~500。

7.3 地球物理反演示例

同样采用例 2-1 中均匀大地极化球体上方地表水平测线的自然电场观测结果进行反演，以进一步说明蚁群优化算法的过程。由于在地球物理反演问题中，解的空间是一个连续的空间。在面对连续多自变量问题时，传统的蚁群算法通常效果有限。后续提供了一种改进的 ACO 算法，改进的 ACO 算法将 ant-cycle system 模型与 ant-quantity system 模型相结合，并引入了信息素的奖惩机制来加速算法的收敛性。

改进的 ACO 算法通过将模型空间离散来模拟蚁群算法中的有限节点[对应算法 7-1 中的 n 个元素(城市)]。具体过程如下：

(1)设定可行解的空间、蚁群规模 antsize、搜索次数 n_c、空间减小次数 T_{max}、空间缩小因子 scale。

(2)设置模型节点：把 n 个反演参数的可行解空间分成 num 等份，即一个 $n\times(\text{num}+1)$ 阶离散矩阵。设置一个对应的 $n\times(\text{num}+1)$ 阶信息矩阵 $\boldsymbol{\tau}_{ij}$，并赋信息矩阵相同的初始信息量 I。

(3)对每个模型按概率 P 对模型节点进行选择，得到模型群：m_1，$m_2\cdots m_N$，P 的计算公式如式(7-7)所示。通过式(7-8)和式(7-9)对信息矩阵进行更新，Q 表示目标函数，β 为期望启发因子，是一个正常数。

$$P=\frac{\boldsymbol{\tau}_{ij}}{\sum_{i=1}^{num+1}\boldsymbol{\tau}_{ij}} \tag{7-7}$$

$$\Delta\boldsymbol{\tau}_{ij}^{k}=\begin{cases}\dfrac{\beta}{Q(x)}, & \text{选择了模型节点}\\ 0, & \text{没有选择模型节点}\end{cases} \tag{7-8}$$

$$\boldsymbol{\tau}_{ij}^{t+1}=\rho\cdot\boldsymbol{\tau}_{ij}^{t}+\sum_{k=1}^{m}\Delta\boldsymbol{\tau}_{ij}^{k} \tag{7-9}$$

(4)对最优模型和最差模型的信息素分别进行奖励和惩罚，即乘以奖励系数 R_{up} 和惩罚系数 R_{down}。

$$\begin{aligned}\boldsymbol{\tau}_{ij}^{t+1}(\text{best})&=\boldsymbol{\tau}_{ij}^{t+1}(\text{best})\times R_{\text{up}}\\ \boldsymbol{\tau}_{ij}^{t+1}(\text{worst})&=\boldsymbol{\tau}_{ij}^{t+1}(\text{worst})\times R_{\text{down}}\end{aligned} \tag{7-10}$$

(5)重复过程(3)和(4)，当搜索次数到达 n_c 后，根据信息矩阵中的信息素，输出当前最优模型 X^t。

(6)缩小搜索空间，重复过程(2)、(3)和(4)，当空间缩小次数达到 $T_{\max}$ 时，输出反演结果。

具体算法参数设置、迭代计算过程中的各数值结果如表 7-1 所示。

表 7-1　反演参数及结果

参数	取值	先验区间	反演结果
最大搜索次数	100	—	—
空间减小次数	20	—	—
蚁群数	40	—	—
参数空间离散个数	50	—	—
初始信息值	10	—	—
期望启发因子	1.0	—	—
信息素蒸发系数	0.5	—	—
空间缩小因子	2.4	—	—
测线长度/m	50	—	—
采样间隔/m	2.5	—	—
电偶极矩/(C·m)	—	0~100	51.6926
球心位置/m	—	0~50	25.1973

续表7-1

参数	取值	先验区间	反演结果
球心埋深/m	—	0~30	10.1694
极化角/(°)	—	45~135	90.9786
拟合差	—	—	0.0107

蚁群优化算法(ACO)反演结果拟合曲线和拟合差收敛曲线分别如图7-3和图7-4所示。

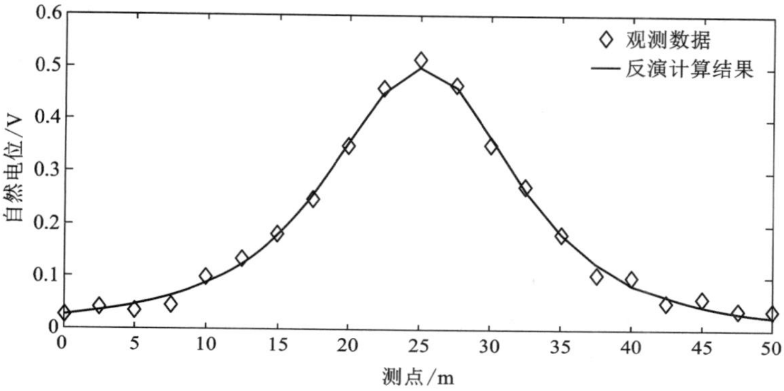

图7-3 观测及反演曲线对比图

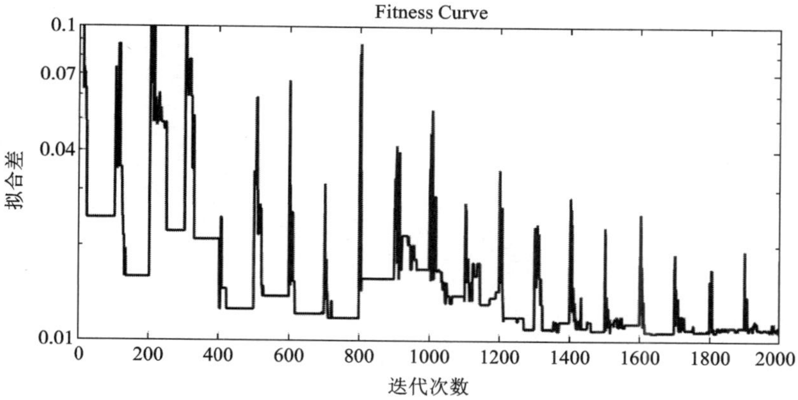

图7-4 拟合差收敛曲线

蚁群优化算法(ACO)求极化球体模型参数的具体Matlab程序代码如程序7-1~程序7-4所示，其中程序7-1为主程序。

程序7-1 蚁群优化算法反演主程序

```
clear;
clc;
%%参数设置
% ---------------读取待反演的观测数据--------------- %
```

续程序 7-1

```
data = load('shsp.mat');
x =data.X;                % 测点点位
SPobs = data.SPobs;       % 观测数据
%%进行反演
[m_best, fit_best, fit_series] = ACO_inv(x, SPobs);
disp('模型参数最优解为:');
disp(m_best);
disp('目标函数的最小值为:');
disp(fit_best);
%%绘图
SPinv=SP_forward(m_best, x);
figure(1)
plot(x, SPobs, 'd', 'color', 'k', 'MarkerSize', 10);
hold on
plot(x, SPinv, 'color', 'k', 'LineWidth', 1);
ylabel('SP (V)', 'fontsize', 12);
xlabel('Location (m)', 'fontsize', 12);
o=legend('\fontsize{12}\it Observed', '\fontsize{12}\it Inversion', 'location', 'northeast');
set(o, 'box', 'off');
set(gca, 'fontsize', 12);
box on
hold off
figure(2)
semilogy(fit_series, 'color', 'k', 'LineWidth', 2);
ylim([0.01, 0.1]);
xlim([0, 2000]);
yticks([0.01: 0.03: 0.1]);
ylabel('Objective', 'fontsize', 12);
xlabel('Iterations', 'fontsize', 12);
title('Fitness Curve', 'fontsize', 14);
set(o, 'box', 'off');
set(gca, 'fontsize', 12);
end
```

程序 7-2 蚁群优化算法正演计算函数

```
function SP=SP_forward(m, x)
SP=m(1).*((x-m(2)).*cos(m(4)*pi/180)+m(3)*sin(m(4)*pi/180))./((x-m(2)).^2+m
(3)^2).^1.5;
end
```

程序 7-3　蚁群优化算法目标函数计算函数

```
function fitness=fun_obj(m, x, SPobs)
SP=SP_forward(m, x);                    % 正演计算
fitness=sqrt(sum((SPobs-SP).^2)/length(x));    % 适应度函数值(均方差)
end
```

程序 7-4　蚁群优化算法迭代函数

```
function[m_best, fit_best, fit_series] = ACO_inv(x, SPobs)
%%定义模型空间范围
D=4;                        %参数维度
mspace=zeros(D, 2);
mspace(1, :)=[0, 100];      % 电偶极矩搜索范围
mspace(2, :)=[0, 50];       % 球心坐标搜索范围
mspace(3, :)=[0, 30];       % 球心埋深搜索范围
mspace(4, :)=[45, 135];     % 极化角搜索范围
% ACO 反演算法
%设置 ACO 算法参数
antsize=40;             %设置蚁群数
nc=100;                 %最大搜索次数
Tmax=20;                %空间减小次数
mesh_num=50;            %整体空间的离散个数
I=10;                   %初始信息值
belta=1;                %期望启发因子
rho=0.5;                %信息素蒸发系数
scale=2.4;              %空间缩小因子
%可行解空间搜索每次分段 number,
% ---------------参数说明--------------- %
%mspace_iter   (dim)                    ! 当前模型空间上下界
%m_mesh        (mesh_num+1, dim)        ! 模型离散空间矩阵
%m_mesg        (mesh_num+1, dim)        ! 信息素矩阵
%m_prob        (mesh_num+1, dim)        ! 选择概率矩阵
%m_delta       (mesh_num+1, dim)        ! 信息素变化矩阵
%best_popm     (antsize, dim)           ! 记录当前蚁群最优位置的值
%best_idx      (antsize, dim)           ! 记录当前蚁群最优位置的索引
%best_popf     (antsize, dim)           ! 记录当前蚁群最优位置的目标函数值
%max_antf      (dim)                    ! 记录当前蚁群中的最大目标函数值
%min_antf      (dim)                    ! 记录当前蚁群中的最小目标函数值
%idx_max       (dim)                    ! 记录当前蚁群中的最大目标函数值的索引位置
%idx_min       (dim)                    ! 记录当前蚁群中的最小目标函数值的索引位置
%best_mesg     (dim)                    ! 记录当前蚁群中最优信息素的值
%best_msg_idx  (dim)                    ! 记录当前蚁群中最优信息素的索引
%best_ant      (dim)                    ! 记录当前蚁群最优的蚂蚁位置
%best_antf                              ! 记录当前蚁群最优的蚂蚁目标函数值
```

续程序 7-4

```
%fit_series   (nc * Tmax)            ! 记录当前蚂蚁最优目标函数值
mspace_iter=mspace;
% ACO 算法主循环
foriter=1: Tmax
    %模型离散空间矩阵离散化
    m_mesh = mesh_initialize(mesh_num, D, mspace_iter);
    %信息素矩阵初始化
    m_mesg = ones(mesh_num+1, D) * I;
        foriter_s=1: nc
        m_prob=probability(m_mesg, mesh_num, D);    %概率计算
        m_delta = zeros(mesh_num+1, D);              %初始化 delat 矩阵
        fori=1: antsize
            %选择最大概率
            [best_popm(i, : ), best_idx(i, : )] = prob_select(m_prob, m_mesh, mesh_num, D);
            %计算参数的 Q 目标函数
            fitness=fun_obj(best_popm(i, : ), x, SPobs);
            %更新 delat 矩阵
            for j=1: D
                m_delta(best_idx(i, j), j)=m_delta(best_idx(i, j), j)+belta/fitness;
            end
            best_popf(i)=fitness;         %保存记录
        end
        [min_antf, idx_min] = min(best_popf( : ));    %寻找最小值和索引
        [max_antf, idx_max] = max(best_popf( : ));    %寻找最大值和索引
        m_mesg=m_mesg * rho+m_delta;              %更新信息矩阵
        %奖励与惩罚
        for j=1: D
            m_mesg(best_idx(idx_min, j))=m_mesg(best_idx(idx_min, j)) * 1.5;
            m_mesg(best_idx(idx_max, j))=m_mesg(best_idx(idx_max, j)) * 0.7;
        end
        %找到最优质
        [best_mesg, best_msg_idx]=findbest(m_mesg, D);
        for j=1: D
            best_ant(j)=m_mesh(best_msg_idx(j), j);
        end
        best_antf=fun_obj(best_ant, x, SPobs);
        fit_series((iter-1) * nc+iter_s)=best_antf;
    end
    %mspace_tmp 中间变量
    mspace_tmp=(mspace_iter( : , 2)-mspace_iter( : , 1))/scale;
    %更新空间
    mspace_iter( : , 1)=best_ant( : )-mspace_tmp; %新的空间下界
    mspace_iter( : , 2)=best_ant( : )+mspace_tmp; %新的空间上界
    mspace_iter( : , 1)=max(mspace_iter( : , 1), mspace( : , 1));
```

续程序 7-4

```
        mspace_iter(:,2)=min(mspace_iter(:,2),mspace(:,2));
    end
    m_best=best_ant;
    fit_best=best_antf;
    end
    %%离散网格初始化
    functionm_mesh = mesh_initialize(mesh_num, dim, mspace)
    fori = 1: mesh_num+1
        for j =1: dim
            m_mesh(i, j)= mspace(j, 1)+(i-1) * (mspace(j, 2)-mspace(j, 1))/mesh_num;
        end
    end
    end
    %%概率计算
    functionm_prob=probability(m_mesg, mesh_num, dim)
    for j =1: dim
        sum_prob=0;
        fori = 1: mesh_num+1
            sum_prob=sum_prob+m_mesg(i, j);
        end
        fori = 1: mesh_num+1
            m_prob(i, j)= m_mesg(i, j)/sum_prob;
        end
        fori = 2: mesh_num+1
            m_prob(i, j)= m_prob(i, j)+m_prob(i-1, j);
        end
    end
    end
    %%概率选择
    function [m_new, idxS]=prob_select(m_prob, m_mesh, mesh_num, dim)
    for j =1: dim
        s=rand;
        i=1;
        while s >m_prob(i, j)
            i=i+1;
        end
        m_new(j)= m_mesh(i, j);
        idxS(j)= i;
    end
    end
    %%寻找最大的信息值
    function [best_mesg, best_msg_idx]=findbest(m_mesg, dim)
    for j =1: dim
        [best_mesg(j), best_msg_idx(j)] = max(m_mesg(:, j));
    end
    end
```

第8章 粒子群优化算法

自然界中的鸟类等群体生物有许多神奇的群体行为，如鸟群在集体觅食或归巢过程中，似乎每一只鸟都没有特定的飞行目标，只是使用简单的习惯以及跟随等规则确定自己的飞行方向和飞行速度，当群体中有一只鸟飞到目的地时，其他鸟也会跟着飞向目的地，最终整个鸟群都会聚集在目的地。受鸟类群体行为建模与仿真研究的启发，James Kennedy 和 Russell Eberhart 最先提出了粒子群优化算法(particle swarm optimization，PSO)。

粒子群优化算法来自对鸟类群体活动规律性的研究，是利用群体智能建立的一个简化的模型，它模拟鸟类的觅食行为，将求解问题的搜索空间比作鸟类的飞行空间，将每只鸟抽象成一个没有质量和体积的粒子，用它来表征问题的一个可行解，将寻找问题最优解的过程看成鸟类寻找食物的过程，进而求解复杂的优化问题。粒子群优化算法与其他进化算法一样，也是基于“种群”和“进化”的概念，通过个体间的协作与竞争，实现对复杂空间最优解的搜索。同时它不像其他进化算法那样对个体进行交叉、变异、选择等进化算子操作，而将群体中的个体看作在多维搜索空间中没有质量和体积的粒子，每个粒子以一定的速度在解空间运动，并向自身历史最佳位置(p_{best})和群体历史最佳位置(g_{best})聚集，实现对候选解的进化。粒子群优化算法因具有很好的生物社会背景而易于理解，算法参数少而容易实现，对非线性、多峰问题均具有较强的全局搜索能力，在科学研究与工程实践中得到了广泛关注。

8.1 算法理论基础

鸟类在捕食过程中，鸟群成员可以通过个体之间的信息交流与共享获得其他成员飞行经历。在食物源零星分布并且不可预测的条件下，这种协作机制所带来的优势是决定性的，远远大于对食物的竞争所引起的劣势。粒子群优化算法受鸟类捕食行为的启发并对这种行为进行模仿。将优化问题的搜索空间类比于鸟类的飞行空间，将每只鸟抽象为一个粒子，该粒子无质量、无体积，用以表征问题的一个可行解，优化问题所要搜索到的最优解则等同于鸟类寻找的食物源。粒子群优化算法为每个粒子制订了与鸟类运动类似的简单行为规则，使整个粒子群的运动表现出与鸟类捕食相似的特性，从而可以求解复杂的优化问题。

粒子群优化算法的信息共享机制可以解释为一种共生合作的行为，即每个粒子都在不停地进行搜索，并且其搜索行为在不同程度上受到群体中其他个体的影响。同时这些粒子还具备对所经历最佳位置的记忆能力，即其搜索行为在受其他个体影响的同时还受到自身经验的引导。基于独特的搜索机制，粒子群优化算法首先生成初始种群，即在可行解空间和速度空间随机初始化粒子的位置与速度。其中粒子的位置用于表征问题的可行解，然后通过种群间粒子个体的合作与竞争来求解优化问题。

粒子群优化算法首先在给定的解空间中随机初始化粒子群，待优化问题的变量数决定了解空间的维数，每个粒子有了初始位置与初始速度；然后通过迭代寻优，在每一次迭代中，每个粒子通过跟踪两个“最佳”来更新自己在解空间中的空间位置与飞行速度，一个“最佳”是单个粒子本身在迭代过程中找到的最优位置，这个位置叫作个体最佳位置，另一个“最佳”是种群所有粒子在迭代过程中所找到的最优位置，这个位置是全局最佳位置，采用这种策略的算法就称为全局粒子群优化算法。如果不采用种群所有粒子而只用其中一部分作为该粒子的邻居粒子，那么在所有邻居粒子中的最佳位置就是局部最佳位置，此种优化算法称为局部粒子群优化算法。

粒子群优化算法本质上是一种随机搜索算法，它是一种新兴的智能优化技术。该算法能以较大概率收敛于全局最优解。实践证明，其适合在动态、多目标优化环境中寻优，与传统优化算法相比，具有较快的计算速度和更好的全局搜索能力。

(1)粒子群优化算法是基于群智能理论的优化算法，通过群体中粒子间的合作与竞争产生的群体智能指导优化搜索。与其他算法相比，粒子群优化算法是一种高效的并行搜索算法。

(2)粒子群优化算法与遗传算法都是随机初始化种群，使用适应值来评价个体的优劣程度和进行一定的随机搜索。但粒子群优化算法根据自己的速度来决定搜索，没有遗传算法的交叉与变异。

(3)由于每个粒子在算法结束时仍保持其个体极值，即粒子群优化算法除了可以找到问题的最优解外，还能得到若干较好的次优解，因此将粒子群优化算法用于调度和决策问题可以给出多种有意义的方案。

(4)粒子群优化算法特有的记忆使其可以动态地跟踪当前搜索情况并调整搜索策略，另外，粒子群优化算法对种群的大小不敏感，即使种群数目减少时，性能下降也不是很大。

8.2 粒子群优化算法

8.2.1 基本粒子群优化算法

假设在一个 D 维的目标搜索空间中，有 N 个粒子组成一个群落，其中第 i 个粒子表示一个 D 维的向量：

$$X_i=(x_{i1},x_{i2},\cdots,x_{iD}),\ i=1,2,\cdots,N \tag{8-1}$$

第 i 个粒子的“飞行”速度也是一个 D 维的向量，记为：

$$V_i=(v_{i1},v_{i2},\cdots,v_{iD}),\ i=1,2,\cdots,N \tag{8-2}$$

第 i 个粒子迄今为止搜索到的最优位置称为个体最佳，记为：

$$p_{\text{best}}=(p_{i1},p_{i2},\cdots,p_{iD}),\ i=1,2,\cdots,N \tag{8-3}$$

整个粒子群迄今为止搜索到的最优位置为全局最佳，记为：

$$g_{\text{best}}=(g_1,g_2,\cdots,g_D) \tag{8-4}$$

找到这两个最佳值后，粒子通过式(8-5)和式(8-6)来更新速度和位置：

$$v_{ij}(t+1)=v_{ij}(t)+c_1r_1(t)[p_{ij}(t)-x_{ij}(t)]+c_2r_2(t)[p_{gj}(t)-x_{ij}(t)] \tag{8-5}$$

$$x_{ij}(t+1)=x_{ij}(t)+v_{ij}(t+1) \tag{8-6}$$

式中，c_1 和 c_2 为学习因子，也称加速常数；r_1 和 r_2 为[0, 1]范围内的均匀随机数，用于增加粒子飞行的随机性；$j = 1, 2, \cdots, D$，表示粒子的各维度；v_{ij} 是粒子的速度，$v_{ij} \in [v_{\min}, v_{\max}]$，$v_{\min}$ 和 $v_{\max}$ 是常数，用来设定限制粒子的速度。

式(8-5)称为速度更新公式，其右边由 3 项组成。第 1 项称为“惯性项”，反映了粒子的运动“习惯”，代表粒子有维持自己先前速度的趋势；第 2 项称为“个体经验项”，反映了粒子对自身历史经验的记忆，代表粒子有向自身历史最佳位置逼近的趋势；第 3 项称为“社会项”或“学习项”，反映了粒子间协同合作与知识共享的群体历史经验，代表粒子有向群体或邻域历史最佳位置逼近的趋势。

8.2.2 标准粒子群优化算法

研究粒子群优化算法经常会用到“探索”和“开发”两个概念。“探索”指粒子在一定程度上离开原先的搜索轨迹，向新的方向进行搜索，体现了一种向未知区域开拓的能力，有利于在整个解空间中进行全局搜索；“开发”指粒子在一定程度上继续在原先的搜索轨迹上进行更细致的搜索，主要指对探索过程中所搜索到的区域进行彻底的搜索，有利于充分对局部进行搜索。“探索”是偏离原来的寻优轨迹去寻找一个更好的解，表征算法的全局搜索能力；“开发”是利用一个好的解，继续原来的寻优轨迹去搜索更好的解，它表征算法的局部搜索能力。如何确定局部搜索能力和全局搜索能力的比例，对一个问题的求解过程很重要。Shi Yuhui 等采用惯性权重对基本粒子群优化算法进行了改进，改进后的算法能够保证较好的收敛效果，被称作标准粒子群优化算法。与基本粒子群优化算法相比，标准粒子群优化算法主要在速度更新公式中的“惯性项”中加入了惯性权重系数，具体如下：

$$v_{ij}(t+1) = w \cdot v_{ij}(t) + c_1 r_1(t)[p_{ij}(t) - x_{ij}(t)] + c_2 r_2(t)[p_{gj}(t) - x_{ij}(t)] \tag{8-7}$$

式中，w 为惯性权重系数，表示在多大程度上保留粒子原来的速度。惯性项和其他项的合适的系数能使算法具有较好的“探索”与“开发”平衡的能力。当 $w = 1$ 时，速度更新公式(8-7)与式(8-5)完全一样，表明带惯性权重的粒子群优化算法是基本粒子群优化算法的扩展。

在搜索过程中还可以对 w 进行动态调整。如在算法开始时给 w 赋予较大正值，随着搜索的进行，使 w 线性减小，这样可以保证在算法开始时各粒子能够以较大的速度步长在全局范围内探测到较好的区域，而在搜索后期，较小的 w 值可保证粒子能够在极值点周围进行精细的搜索，从而使算法有较大的概率向全局最优收敛。因此对 w 进行调整就可以权衡全局搜索和局部搜索能力。目前常采用的惯性权重系数线性递减策略如下：

$$w = w_{\max} - \frac{(w_{\max} - w_{\min}) \cdot t}{T_{\max}} \tag{8-8}$$

式中，$T_{\max}$ 表示最大进化代数；$w_{\min}$ 表示最小惯性权重值；$w_{\max}$ 表示最大惯性权重值；t 表示当前迭代次数。测试表明，在大多数应用中可取 $w_{\max} = 0.9$，$w_{\min} = 0.4$，但具体应用中还是应该根据实际测试效果进行相应的调整。

8.3 粒子群优化算法流程

粒子群优化算法基于“种群”和“进化”的概念，通过个体间的协作与竞争，实现复杂空间最优解的搜索，其算法流程如算法 8-1 所示：

算法 8-1 粒子群优化算法

Ⅰ设置粒子群体粒子数量 N，随机初始化粒子群，包括每个粒子的位置 x_i 和速度 v_i，设置最大进化迭代次数 T，当前迭代次数 $t=1$，设置搜索空间 $[X_{min}, X_{max}]$。

Ⅱ计算每个粒子的适应度值 fit[i]。

Ⅲ对每个粒子，用它的适应度值 fit[i] 和个体最佳位置 $p_{best}(i)$ 进行比较，如果 fit[i] $<p_{best}(i)$，则用 fit[i] 替换掉 $p_{best}(i)$。

Ⅳ对每个粒子，用它的适应度值 fit[i] 和全局极值 g_{best} 比较，如果 fit[i] $< g_{best}$，则用 fit[i] 替换 g_{best}。

Ⅴ用速度更新公式和位置更新公式迭代更新粒子的速度 v_i 和位置 x_i。

Ⅵ判断是否有粒子位置超出搜索空间，如 $x_i<X_{min}$ 则 $x_i=X_{min}$，如 $x_i>X_{max}$ 则 $x_i=X_{max}$。

Ⅶ $t=t+1$，如 $t>T$ 则结束算法并输出 g_{best} 作为优化结果，否则返回步Ⅱ继续。

粒子群优化算法的运算流程如图 8-1 所示。

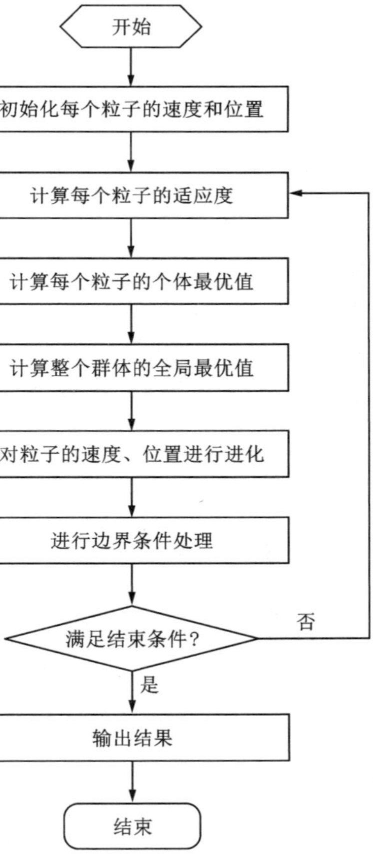

图 8-1 粒子群优化算法的运算流程

在粒子群优化算法中，算法参数的选择能够影响算法的性能和效率。如何选择合适的算法参数使算法性能最佳，是一个复杂的优化问题。在实际的优化问题中，通常根据使用者的经验或针对具体问题的测试效果来选取算法控制参数。粒子群优化算法的控制参数主要包括粒子种群规模 N、惯性权重 w、加速系数 c_1 和 c_2、最大速度 $v_{\max}$。

粒子群规模大小即粒子数量 N 的选择视具体问题而定，但是一般设置粒子数为 20~50。对于大部分问题，20 个粒子可以取得很好的结果。不过对于比较难的问题或者特定类型的问题，粒子的数量可以取到超过 50。一般来说，粒子规模越大，越能充分搜索解空间，也就越容易发现全局最优解，但算法运行也越耗时。

惯性权重 w 是标准粒子群优化算法中非常重要的控制参数，可以用来控制算法的开发和探索能力。一般来说，惯性权重值较大时全局寻优能力较强，惯性权重值较小时局部寻优能力较强。惯性权重的选择通常有固定权重和时变权重。固定权重是选择常数作为惯性权重值，在迭代过程中其值保持不变，一般取值范围为[0.8，1.2]。时变权重则是设定某一变化区间，在进化过程中按照某种方式逐步减小惯性权重。时变权重的选择包括变化范围和递减率。固定的惯性权重可以使粒子保持相同的探索和开发能力，而时变权重可以使粒子在进化的不同阶段拥有不同的探索和开发能力。

加速常数 c_1 和 c_2 分别调节向 p_{best} 和 g_{best} 方向飞行的最大步长，它们分别决定了粒子个体经验和群体经验对粒子运行轨迹的影响，反映了粒子群之间的信息交流。一般设置 $c_1 = c_2$，这样个体经验和群体经验就有了同样重要的影响力，使得最后的最优解更精确。

粒子的最大速度 $v_{\max}$ 表示粒子在空间中每一维都有一个最大速度限制值，用来对粒子的速度进行限制。$v_{\max}$ 是一个非常重要的参数，如果该值太大，粒子们也许会飞过优秀解区域，如果该值太小，则粒子可能无法对局部最优区域以外的区域进行充分的探测，它们可能会陷入局部最优，而无法移动足够远的距离而跳出局部最优，达到空间中更佳的位置。研究发现设定 $v_{\max}$ 和调整惯性权重的作用是等效的，所以 $v_{\max}$ 一般用于对种群的初始化进行设定，即将 v_{max} 设定为各维度变量的变化范围，而不再对最大速度进行细致的选择和调节。

作为一种迭代算法，粒子群优化算法的停止准则也很重要。最大迭代次数、计算精度或最优解的最大停滞步数 t(或可以接受的满意解)通常被认作停止准则，即算法的终止条件。根据具体的优化问题，停止准则的设定需同时兼顾算法的求解时间、优化质量和搜索效率等多方面因素。

此外，粒子群优化算法的边界条件处理也需要考虑。当某一维或若干维的位置超过设定搜索范围时，采用边界条件处理策略可将粒子的位置限制在可行搜索空间内，这样能避免种群的膨胀与发散，也能避免粒子大范围地盲目搜索，从而提高搜索效率。具体的方法一般是通过设置最大位置限制 $X_{\max}$，当超过最大位置时在取值范围内随机产生一个数值代替，或者将其设置为最大值，即边界吸收。

8.4　地球物理反演示例

同样采用例 2-1 中均匀大地极化球体上方地表水平测线的自然电场观测结果进行反演，以进一步说明粒子群优化算法的过程。具体过程如下：

(1)设定可行解的空间、粒子群种群数 N、最大迭代次数 $t_{\max}$。

(2)在可行解空间中设置初始粒子群 X(其本质为各粒子在解空间中的位置)和粒子群的初始速度 V，并设定 X 为最优粒子群 p(其本质为各粒子的历史最佳位置)，通过目标函数

$Q(m)$评价得到最优模型 g。

(3)通过式(8-9)和式(8-10)来更新每一个粒子的位置 X 和速度 V。式中 W^t 表示惯性权重，c_1^t 和 c_2^t 表示速度因子，p^t 表示当前最优模型群，g^t 表示当前最优模型，R_1、R_2 是在(0，1)区间的随机数。

$$V^{t+1} = W^t \times V^t + c_1^t \times R_1 \times (p^t - X^t) + c_2^t \times R_2 \times (g^t - X^t) \tag{8-9}$$

$$X^{t+1} = X^t + V^{t+1} \tag{8-10}$$

(4)通过目标函数 $Q(m)$ 来评价粒子群 X^{t+1}，更新粒子群最优位置 p^{t+1} 和最优粒子 g^{t+1}。

(5)重复过程(3)和(4)，当搜索搜索次数达到 t_{max} 时，输出反演结果。

具体参数设置、迭代计算过程中的各数值结果如表 8-1 所示。

表 8-1　反演参数及结果

参数	取值	先验区间	反演结果
最大迭代次数	100	—	—
粒子数	40	—	—
权重值	w_{max} = 0.9，w_{min} = 0.4	—	—
学习因子	c_1=2.0，c_2=2.0	—	—
速度比例因子	0.1	—	—
测线长度/m	50	—	—
采样间隔/m	2.5	—	—
电偶极矩/(C·m)	—	0~100	50.9643
球心位置/m	—	0~50	25.0692
球心埋深/m	—	0~30	10.0412
极化角/(°)	—	45~135	89.8795
拟合差	—	—	0.0105

粒子群优化算法(PSO)反演结果拟合曲线和拟合差收敛曲线分别如图 8-2 和图 8-3 所示。

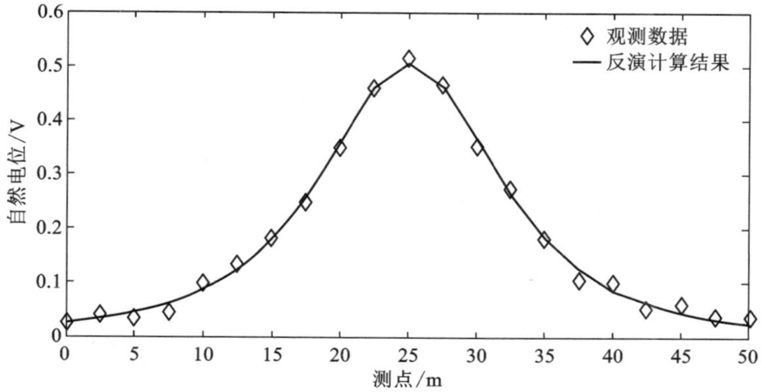

图 8-2　PSO 反演结果拟合曲线

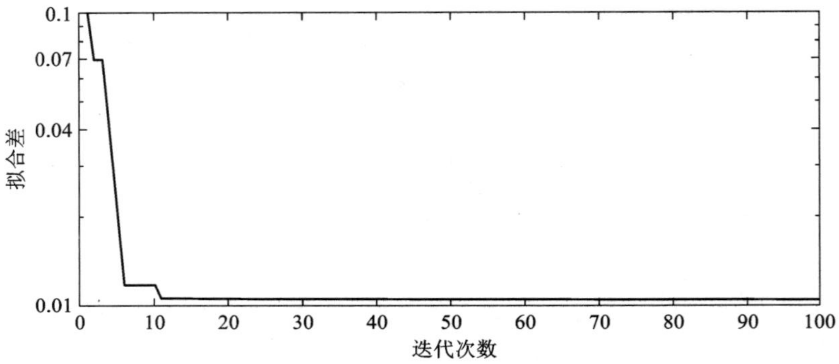

图 8-3　拟合差收敛曲线

粒子群优化算法(PSO)求极化球体模型参数的具体 Matlab 程序代码如程序 8-1～程序 8-4 所示，其中程序 8-1 为主程序。

程序 8-1　粒子群优化算法反演主程序

```
functionPSO_SP_Inversion
clear;
clc;
%PSO_SP_Inversion 使用粒子群优化反演自然电位数据
%%参数设置
% ---------------读取待反演的观测数据--------------- %
data = load('shsp.mat');
x =data.X;              % 测点点位
SPobs = data.SPobs;     % 观测数据
%%进行反演
[m_best, fit_best, fit_series] = PSO_inv(x, SPobs);
disp('模型参数最优解为:');
disp(m_best);
disp('目标函数的最小值为:');
disp(fit_best);
%%绘图
SPinv=SP_forward(m_best, x);
figure(1)
plot(x, SPobs, 'd', 'color', 'k', 'MarkerSize', 10);
hold on
plot(x, SPinv, 'color', 'k', 'LineWidth', 1);
ylabel('SP (V)', 'fontsize', 12);
xlabel('Location (m)', 'fontsize', 12);
o=legend('\fontsize{12} \it Observed', '\fontsize{12} \it Inversion', 'location', 'northeast');
set(o, 'box', 'off');
set(gca, 'fontsize', 12);
box on
```

续程序 8-1

```
hold off
figure(2)
semilogy(fit_series, 'color', 'k', 'LineWidth', 2);
ylim([0.01, 0.1]);
yticks([0.01:0.03:0.1]);
ylabel('Objective', 'fontsize', 12);
xlabel('Iterations', 'fontsize', 12);
title('Fitness Curve', 'fontsize', 14);
set(o, 'box', 'off');
set(gca, 'fontsize', 12);
end
```

程序 8-2　粒子群优化算法正演计算函数

```
function SP=SP_forward(m, x)
SP=m(1).*((x-m(2)).*cos(m(4)*pi/180)+m(3)*sin(m(4)*pi/180))./((x-m(2)).^2+m(3)^2).^1.5;
end
```

程序 8-3　粒子群优化算法目标函数计算函数

```
function fitness=fun_obj(m, x, SPobs)
SP=SP_forward(m, x);                    % 正演计算
fitness=sqrt(sum((SPobs-SP).^2)/length(x));    % 适应度函数值(均方差)
end
```

程序 8-4　粒子群优化算法迭代函数

```
function[m_best, fit_best, fit_series] = PSO_inv(x, SPobs)
%%定义模型空间范围
D=4;                          %参数维度
mspace=zeros(D, 2);
mspace(1, :)=[0, 100];    % 电偶极矩搜索范围
mspace(2, :)=[0, 50];     % 球心坐标搜索范围
mspace(3, :)=[0, 30];     % 球心埋深搜索范围
mspace(4, :)=[45, 135];   % 极化角搜索范围
%%定义各参数的最大速度
%比例因子取得 0.1
lamda=0.1;
Vmax=(mspace(:, 2)-mspace(:, 1))*lamda;
% PSO 反演算法
%设置 PSO 算法参数
```

续程序 8-4

```
popsize=40;              %设置种群数
w_max=0.9;               %设定权重值
w_min=0.4;
maxiter=100;             %最大迭代次数
c1=2.0;                  %学习因子
c2=2.0;
% ---------------参数说明--------------- %
%EX(popsize, dim)              ! 速度更新中的最优粒子扩展
%best_pop (popsize, dim)       ! 最优粒子群
%best_popf(popsize)            ! 最优目标函数值
%best_par (dim)                ! 当前最优粒子
%best_parf                     ! 当前最优目标函数值
%best_his (dim)                ! 历史最优粒子
%best_hisf                     ! 历史最优目标函数值
%第一步初始化
%初始化速度
V=speed_initialize(popsize, D);
%初始化种群
m_new=pop_initialize(popsize, D, mspace);
%设定当前位置为粒子的最好位置,并记录其值
best_pop=m_new;
%计算当前粒子群的适应性
fori=1: popsize
best_popf(i)=fun_obj(m_new(i, : ), x, SPobs);
end
%从当前粒子群中寻找最优粒子
[best_par, best_parf]=findbest(best_pop, best_popf);
best_his =best_par;
best_hisf=best_parf;
CF=best_parf;
% PSO 算法主循环
foriter=1: maxiter
    %更新惯性权重的值
    w_now=w_max-((w_max-w_min) * (maxiter-iter)/maxiter);
    %对最优粒子进行扩展
    fori = 1: popsize
        EX(i, : )=best_par;
    end
    %更新粒子群速度
    V=w_now * V+c1 * rand * (best_pop-m_new)+c2 * rand * (EX-m_new);
    %对越界的粒子群速度进行限制
```

续程序 8-4

```
        fori = 1: popsize
            for j = 1: D
                if V(i, j)>Vmax(j)
                    V(i, j)= Vmax(j);
                elseif V(i, j)<-Vmax(j)
                    V(i, j)= -Vmax(j);
                end
            end
        end
        %根据更新的粒子群速度更新位置
        m_new=m_new+V;
        %计算当前粒子群的适应性，并进行更新
        fori=1: popsize
            fitness=fun_obj(m_new(i, : ), x, SPobs);
            if fitness <best_popf(i)
                best_pop(i, : )= m_new(i, : );
                best_popf(i)= fitness;
            end
        end
        %计算当前最优粒子
        [best_par, best_parf]=findbest(best_pop, best_popf);
        %更新历史最优粒子
        ifbest_parf<best_hisf
            best_his =best_par;
            best_hisf=best_parf;
        end
        fit_series(iter)= best_hisf;
    end
    m_best=best_his;
    fit_best=best_hisf;
    end
    %%速度初始化
    function V =speed_initialize(popsize, dim)
    fori = 1: popsize
        for j =1: dim
            V(i, j)= rand;
        end
    end
    end
    %%种群初始化
    function pop =pop_initialize(popsize, dim, mspace)
```

续程序 8-4

```
fori = 1: popsize
    for j =1: dim
        pop(i, j)= mspace(j, 1)+rand * (mspace(j, 2)-mspace(j, 1));
    end
end
end
%%寻找最小的拟合值
function [best_now, best_nowf] = findbest(best_pop, best_popf)
[best_nowf, index] = min(best_popf(:));
best_now=best_pop(index, :);
end
```

第 9 章　神经网络与深度学习

神经网络(neural network，NN)也称人工神经网络(artificial neural network，ANN)，是指用大量的简单计算单元(即神经元)构成的非线性系统。它常用来模仿人脑神经系统的信息处理、逻辑推理等功能，是对人脑神经网络的某种简化、抽象和模拟。神经网络具有非线性映射能力，不需要精确的数学模型，擅长从输入、输出数据中学习有用知识。它由大量简单计算单元组成，适合并行，易于用软硬件实现。神经网络是一种模仿生物神经系统构成的新型信息处理模型，并具有独特的结构，人们期望它能解决一些使用传统方法难以解决的问题。目前几乎可以在所有领域发现神经网络应用的踪影，如模式识别、故障检测、智能机器人、非线性系统辨识和控制、决策优化、知识处理、认知科学等。

9.1　神经网络算法理论

神经网络的结构和基本原理是以人脑的组织结构和活动规律为背景的，它反映了人脑的某些基本特征，是人脑的某些抽象、简化和模仿。神经网络由许多并行运算的简单功能单元——神经元组成。每个神经元有一个输出连接到其他神经元，每个神经元输入有多个连接通路，每个连接通路对应一个连接权系数。

9.1.1　人工神经元模型

神经网络由许多并行运算、功能简单的神经元组成。神经元是构成神经网络的基本元素，因此构造一个人工神经网络系统的首要任务是构造人工神经元模型，如图 9-1 所示。

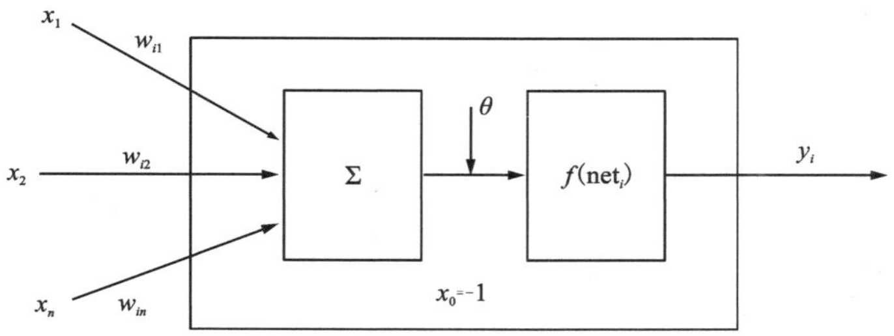

图 9-1　人工神经元模型

图中 $x_1 \sim x_n$ 是从其他神经元传来的输入信号，w_{ij} 表示从神经元 j 到神经元 i 的连接权值，θ 表示一个阈值(或称为偏置)，则神经元 i 的输出与输入的关系表示为：

$$\mathrm{net}_i = \sum_{j=1}^{n} w_{ij}x_j - \theta \tag{9.1}$$

$$y_i = f(\mathrm{net}_i) \tag{9.2}$$

式(9.1)和式(9.2)中，y_i 表示神经元 i 的输出；函数 f 称为激活函数或转移函数；net 称为净激活。若将阈值看成神经元 i 的一个输入 x_0 的权重 w_{i0}，则式(9-1)可以简化为：

$$\mathrm{net}_i = \sum_{j=0}^{n} w_{ij}x_j \tag{9.3}$$

若用 $\boldsymbol{X}$ 表示输入向量，用 $\boldsymbol{W}$ 表示权重向量，即有：

$$\boldsymbol{X} = [x_0 \quad x_1 \quad x_2 \quad \cdots \quad x_n] \tag{9.4}$$

$$\boldsymbol{W} = \begin{bmatrix} w_{i0} \\ w_{i1} \\ w_{i2} \\ \vdots \\ w_{in} \end{bmatrix} \tag{9.5}$$

则神经元的输出可以表示为向量相乘的形式：

$$y_i = f(\mathrm{net}_i) = f(\boldsymbol{XW}) \tag{9.6}$$

若神经元的净激活 net 为正，则称该神经元处于激活状态。若净激活 net 为负，则称该神经元处于抑制状态。

9.1.2 常用激活函数

激活函数的选择是构建神经网络过程的重要环节，目前常用的激活函数有线性函数、斜面函数、阈值函数、S 形函数和双极 S 形函数等。

(1)线性函数

$$f(x) = kx + c \tag{9.7}$$

(2)斜面函数

$$f(x) = \begin{cases} T, & x > c \\ kx, & |x| \leqslant c \\ -T, & x < -c \end{cases} \tag{9.8}$$

(3)阈值函数

$$f(x) = \begin{cases} 1, & x \geqslant c \\ 0, & x < c \end{cases} \tag{9.9}$$

(3)S 形函数

$$f(x) = \frac{1}{1 + \mathrm{e}^{-ax}}, \quad 0 < f(x) < 1 \tag{9.10}$$

该函数的导函数为：

$$f'(x) = \frac{\alpha \mathrm{e}^{-ax}}{(1 + \mathrm{e}^{-ax})^2} = \alpha f(x)[1 - f(x)] \tag{9.11}$$

(4)双极 S 形函数

$$f(x) = \frac{2}{1 + \mathrm{e}^{-ax}} - 1, \quad -1 < f(x) < 1 \tag{9.12}$$

该函数的导函数为：

$$f'(x) = \frac{2\alpha e^{-\alpha x}}{(1+e^{-\alpha x})^2} = \frac{\alpha[1-f(x)^2]}{2} \tag{9.13}$$

由于有些NN算法，如BP神经网络(back propagation network)要求激活函数可导，所以S形函数与双极S形函数适合用在这类神经网络中。

9.1.3 神经网络模型

神经网络是由大量神经元互相连接而构成的网络。根据网络中神经元的互连方式，常见网络结构主要可以分为前馈神经网络、反馈神经网络和自组织网络。

前馈神经网络也称前向网络。这种网络只在训练过程中有反馈信号，而在分类过程中数据只能向前传送，直到到达输出层，层间没有向后的反馈信号，因此称为前馈神经网络。BP神经网络就属于前馈神经网络。目前在人工神经网络的实际应用中，绝大部分神经网络模型都采用BP网络和它的变化形式。

反馈神经网络是一种从输出到输入具有反馈连接的神经网络，其结构比前馈神经网络复杂得多。典型的反馈神经网络有Elman网络和Hopfield网络等。

自组织神经网络是一种非督导学习网络。它可以通过自动寻找样本中的内在规律和本质属性，自组织、自适应地改变网络参数与结构。

9.1.4 神经网络工作方式

神经网络运作过程分为学习(训练)和工作两种状态。

神经网络的学习主要是指使用学习算法来调整神经元间的连接权，从而使网络输出更符合实际。一般来说，学习算法分为监督学习算法和非监督学习算法两类。监督学习算法是将一组训练集送入网络，根据网络的实际输出与期望输出间的差别来调整连接权。非监督学习算法抽取样本集合中蕴含的统计特性，并以神经元之间的连接权的形式存于网络中。

监督学习算法的主要步骤如算法9-1所示：

算法9-1 监督学习算法

Ⅰ 从样本集合中取一个样本(A_i, B_i)，其中A_i是输入，B_i是期望输出。

Ⅱ 计算网络的实际输出O。

Ⅲ 求$D = B_i - O$。

Ⅳ 根据D调整权矩阵$\boldsymbol{W}$。

Ⅴ 对每个样本重复上述过程，直到对整个样本集来说误差不超过规定范围为止。

监督学习算法中最简单的就是Delta学习规则。Delta学习规则根据神经元的实际输出与期望输出差别来调整连接权，其数学表示如下：

$$w_{ij}(t+1) = w_{ij}(t) + \alpha(d_i - y_i)x_j(t) \tag{9.14}$$

式中，w_{ij}表示神经元j到神经元i的连接权；d_i是神经元i的期望输出；y_i是神经元i的实际输出；x_j表示神经元j的状态，若j处于激活态，则x_j为1，若j处于抑制状态，则x_j为0或1(根据激活函数而定)；α是表示学习速度的常数，称为学习率。假设x_j为1，若d_i比y_i大，那么w_{ij}将增大，若d_i比y_i小，那么w_{ij}将变小。

Delta学习规则简单来讲就是若神经元实际输出比期望输出大，则减小所有输入为正的连接的权重，增大所有输入为负的连接的权重。反之若神经元实际输出比期望输出小，则增大所有输入为正的连接的权重，减小所有输入为负的连接的权重。

神经网络学习完成即神经元间的连接权调整完毕，则可以进入工作状态。神经网络处于工作状态时，神经元间的连接权保持不变，可以作为分类器、预测器等使用。

9.1.5 神经网络算法的特点

神经网络算法是一种通用的优化算法，它具有以下特点：

(1)神经网络算法与传统的参数模型方法最大的不同，在于它是数据驱动的自适应技术，不需要对问题模型做任何先验假设。在问题的内部规律未知或难以描述的情况下，神经网络可以通过对样本数据的学习训练，获取数据之间隐藏的函数关系。因此神经网络方法特别适用于解决一些利用假设和现存理论难以解释，但却具备足够多的数据和观察变量的问题。

(2)神经网络技术具备泛化能力，泛化能力是指经训练后学习模型对未来训练集中出现的样本做出正确反应的能力，因此可以通过样本内的历史数据来预测样本外的未来数据。神经网络可以通过对输入的样本数据的学习训练，获得隐藏在数据内部的规律，并利用学习到的规律来预测未来的数据。因此泛化能力使神经网络成为一种理想的预测技术。

(3)神经网络是一个具有普遍适用性的函数逼近器，它可以以任意精度逼近任何连续函数。在处理同一个问题时，神经网络的内部函数形式比传统的统计方法更为灵活和有效。传统的统计预测模型由于存在各种限制，不能对复杂的变量函数关系进行有效的估计；而神经网络强大的函数逼近能力，为复杂系统内部函数识别提供了一种有效的方法。

(4)神经网络是非线性的方法。神经网络中的每个神经元都可以接受大量其他神经元输入，而且每个神经元的输入和输出之间都是非线性关系。神经元之间的这种互相制约和互相影响的关系，可以实现整个网络从输入状态到输出状态空间的非线性映射。因此神经网络可以处理一些环境信息十分复杂、知识背景不清楚和推理规则不明确的问题。

9.2 BP 神经网络算法

对于 n 个输入学习样本“x^1, x^2, …, x^n”，已知与其对应的 m 个输出样本为“t^1, t^2, …, t^m”，用网络的实际输出(z^1, z^2, …, z^m)与目标矢量(t^1, t^2, …, t^m)之间的误差来修改其权值，使 z^l($l=l$, 2, …, m)与期望的 t^l 尽可能接近，也就是使网络输出层的误差平方和最小。这就是 BP 神经网络算法的核心思想。

BP 神经网络的学习(网络训练)包括输入模式顺传播、输出误差逆传播、循环记忆训练、学习结果判别 4 个主要部分。正向传播和反向传播贯穿网络学习的全过程。正向传播过程中，输入信息从输入层经隐含层单元逐层处理，并传向输出层，每一层神经元的状态只影响下一层神经元的状态；如果在输出层不能得到所期望的输出，则转入反向传播，将误差信号沿原来的连接通路返回，通过修改各层神经元的权值，使误差信号减小；然后再转入正向传播过程，反复迭代直到误差小于给定的值为止。

采用 BP 学习算法的前馈神经网络通常被称为 BP 网络。BP 网络具有很强的非线性映射能力，一个 3 层 BP 神经网络就能够实现对任意非线性函数的逼近。一个典型的三层 BP 神经网络模型如图 9-2 所示。

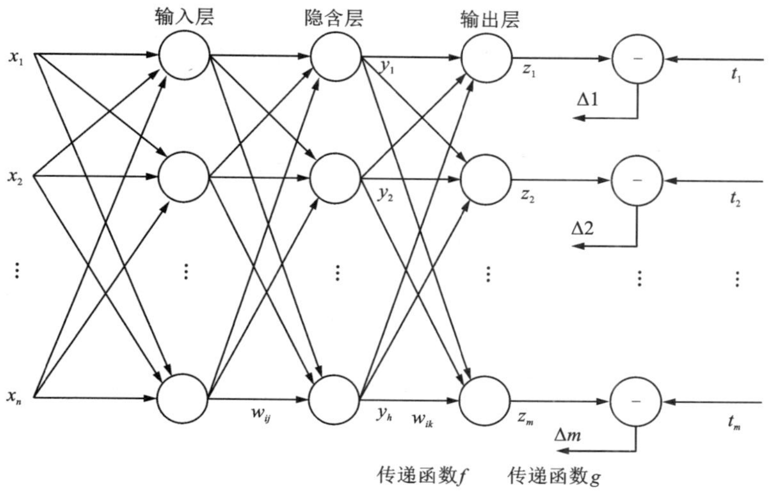

图 9-2　三层 BP 神经网络模型

设网络的输入模式为 $\boldsymbol{x}=(x_1, x_2, \cdots, x_n)^{\mathrm{T}}$，隐含层有 h 个单元，隐含层的输出为 $\boldsymbol{y}=(y_1, y_2, \cdots, y_h)^{\mathrm{T}}$，输出层有 m 个单元，它们的输出为 $\boldsymbol{z}=(z_1, z_2, \cdots, z_m)^{\mathrm{T}}$，目标输出为 $\boldsymbol{t}=(t_1, t_2, \cdots, t_m)^{\mathrm{T}}$，隐含层到输出层的传递函数为 f，输出层的传递函数为 g。则有：

$$
\begin{aligned}
y_j &= f\left(\sum_{i=1}^{n} w_{ij}x_i - \theta\right) = f\left(\sum_{i=0}^{n} w_{ij}x_i\right) \\
z_k &= g\left(\sum_{j=0}^{h} w_{jk}y_j\right)
\end{aligned}
\tag{9.15}
$$

式中，y_j 表示隐含层第 j 个神经元的输出；$w_{0j}=\theta$；$x_0=-1$；z_k 表示输出层第 k 个神经元的输出。网络输出与目标输出的误差表示为：

$$
\varepsilon = \frac{1}{2}\sum_{k=1}^{m}(t_k - z_k)^2 \tag{9.16}
$$

需要设法调整权值，使 ε 减小。由于负梯度方向是函数值减小最快的方向，可以设定一个步长 $\boldsymbol{\eta}$，每次沿负梯度方向调整 $\boldsymbol{\eta}$ 个单位，即每次权值的调整为：

$$
\Delta w_{pq} = -\boldsymbol{\eta}\frac{\partial \leqslant}{\partial w_{pq}} \tag{9.17}
$$

式中，$\boldsymbol{\eta}$ 在神经网络中称为学习速率。可以证明按这个方法调整，误差会逐渐减小。因此 BP 神经网络(反向传播)的调整顺序为：

(1)先调整隐含层到输出层的权值。设 v_k 为输出层第 k 个神经元的输入，则：

$$
\begin{cases}
v_k = \displaystyle\sum_{j=0}^{h} w_{jk}y_j \\
\dfrac{\partial \varepsilon}{\partial w_{jk}} = \dfrac{\frac{1}{2}\sum_{k=1}^{m}(t_k - z_k)^2}{\partial w_{jk}} = \dfrac{\frac{1}{2}\sum_{k=1}^{m}(t_k - z_k)^2}{\partial z_k}\dfrac{\partial z_k}{\partial v_k}\dfrac{\partial v_k}{\partial w_{jk}} \leqslant = -(t_k - z_k)g'(v_k)\overset{\Delta}{y_j} = -\delta_k y_j
\end{cases}
\tag{9.18}
$$

于是隐含层到输出层的权值调整迭代公式为：

$$w_{jk}(t+1) = w_{jk}(t) + \eta\delta_k y_j \tag{9.19}$$

(2)从输入层到隐含层的权值调整迭代公式为：

$$\frac{\partial \varepsilon}{\partial w_{ij}} = \frac{\frac{1}{2}\sum_{k=1}^{m}(t_k - z_k)^2}{\partial w_{ij}} = \frac{\frac{1}{2}\sum_{k=1}^{m}(t_k - z_k)^2}{\partial y_j}\frac{\partial y_j}{\partial u_j}\frac{\partial u_j}{\partial w_{ij}} \tag{9.20}$$

式中，u_j 为隐含层第 j 个神经元的输入，即：

$$u_j = \sum_{i=0}^{n} w_{ij}x_i \tag{9.21}$$

其中隐含层第 j 个神经元与输出层的各个神经元都有连接，即 $\frac{\partial \varepsilon}{\partial y_j}$ 涉及所有的权值 w_{ij}，因此有：

$$\frac{\partial \varepsilon}{\partial y_j} = \sum_{k=0}^{m}\frac{\partial(t_k - z_k)^2}{\partial z_k}\frac{\partial z_k}{\partial u_k}\frac{\partial u_k}{\partial y_j} = -\sum_{i=1}^{m}(t_k - z_k)f'(u_k)w_{jk} \tag{9.22}$$

即有：

$$\frac{\partial \varepsilon}{\partial w_{ij}} = \frac{\frac{1}{2}\sum_{k=1}^{m}(t_k - z_k)^2}{\partial w_{ij}} = -\sum_{k=0}^{m}[(t_k - z_k)f'(u_k)w_{jk}]f'(u_j)\overset{\Delta}{x_i} = -\delta_j x_i \tag{9.23}$$

因此从输入层到隐含层的权值调整迭代可表示为：

$$w_{ij}(t+1) = w_{ij}(t) + \eta\delta_j x_i \tag{9.24}$$

具体运算流程如图 9-3 所示。

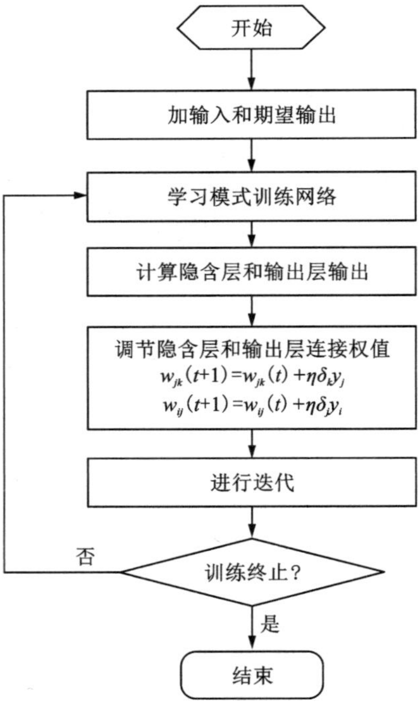

图 9-3　BP 算法流程

9.3 深度学习算法

深度学习(DL, deep learning)是机器学习(ML, machine learning)领域一个新的研究方向，它被引入机器学习，并使其更接近最初的目标——人工智能(AI, artificial intelligence)。深度学习是专门研究计算机怎样模拟或实现人类的学习行为，以获取新的知识或技能，重新组织已有的知识结构，不断改善自身的性能。它是人工智能的核心，是使计算机智能化的根本途径。深度学习是学习样本数据的内在规律和表示层次，这些学习过程中获得的信息对诸如文字、图像和声音等数据的解释有很大的帮助。它的最终目标是让机器能够像人一样具有分析学习能力，能够识别文字、图像和声音等数据。深度学习是一种复杂的机器学习算法，能使机器模仿人类的视听和思考等活动，解决了很多复杂的模式识别难题，使得人工智能相关技术取得了很大进步。

机器学习分为监督学习和非监督学习 2 个大类。监督学习使用有标签的数据集进行学习，有标签是指每个输入有期望的输出。当使用监督学习训练 AI 时，给它一个输入并告诉它预期的输出。如果 AI 产生的输出是错误的，它将重新调整计算。这个过程在数据集上迭代完成，直到 AI 不再出错。而非监督学习使用没有指定结构的数据集进行机器学习任务。采用无监督学习训练 AI 时，AI 自己对数据进行逻辑分类。

深度学习是一种机器学习方法。它允许我们通过给定一组输入，训练 AI 预测输出。有监督学习和无监督学习都可以用来训练 AI。通过前面的介绍我们知道，神经网络包括输入层、隐藏层和输出层，一般来说隐藏层大于 2 的神经网络就叫深度神经网络，深度学习就是一种采用类似深度神经网络这种深层架构的机器学习方法。相比单隐藏层网络，深层网络具有更强的表达和处理能力。如果用神经网络来拟合一个函数，用一个仅有 1 个隐藏层的神经网络就能实现拟合，但它可能需要很多很多的神经元。而深层网络可以用少得多的神经元去拟合同样的函数。

深度神经网络是深度学习的基础，在深度学习中，“深度”是指神经网络模型的层数。一般来说层数越多，模型就越复杂，能够处理的输入数据也越复杂。深度学习主要涉及使用多层神经网络模型来处理和分析数据。与传统的机器学习方法相比，深度学习能够自动提取数据的低级和高级特征，从而更好地拟合数据。深度神经网络包含多个隐藏层，每一层都可以采用监督学习或无监督学习进行非线性变换，从而实现对上一层的特征抽象。通过逐层的特征组合方式，深度神经网络将原始输入转化为浅层特征、中层特征、高层特征，直至最终的任务目标。深度神经网络是基于感知机模型而提出的深层次网络结构，它通过在原始感知机模型的单层结构中加入多个隐藏层来增强深度神经网络的表达能力。此外，它的输出层可以有多个输出，可用于多分类问题和回归问题等，并且它通过增加每层之间的激活函数，使原来的线性激活函数变为非线性激活函数，从而进一步增强了深度神经网络的表达能力。

激活函数是深度神经网络中重要的组成部分，它具有非常重要的作用。深度神经网络可以进行非线性学习的最主要的原因就是引入了非线性激活函数。激活函数使神经网络可以学习非线性特征，进而逼近任何非线性函数，常见的激活函数有 Sigmoid、Tanh 和 ReLU 等。损失函数是针对深度神经网络训练集定义的，它是所有样本的误差均值，也是整个深度神经网络学习的目标，即通过模型的学习使损失函数最小，从而调整模型的参数优化模型。常见的损失函数有均方差损失函数、对数损失函数和 soft-max 损失函数等。深度神经网络的网络结构是一种前馈神经网络结构，训练时经常采用 BP 算法，BP 算法使用损失函数的平方作为 BP 算法的目标函数，采用随机梯度下降方法进行优化，最终目的是使 BP 算法的目标函数最小化，所以 BP 算法也可以看作是求解最优化的过程。

9.4 卷积神经网络算法

卷积神经网络(convolutional neural networks, CNN)是一类包含卷积计算且具有深度结构的前馈神经网络(feedforward neural networks)，是深度学习(deep learning)的代表算法之一。卷积神经网络具有表征学习(representation learning)能力，能够按其阶层结构对输入信息进行平移不变分类(shift-invariant classification)，因此也被称为"平移不变人工神经网络(shift-invariant artificial neural networks, SIANN)"。

卷积神经网络仿造生物的视知觉(visual perception)机制构建，可以进行监督学习和非监督学习，其隐含层内的卷积核参数共享和层间连接的稀疏性使其能够以较小的计算量对格点化(grid-like topology)特征，例如像素和音频进行学习，并有稳定的效果，且对数据没有额外的特征工程(feature engineering)要求，因而可以求解复杂的优化问题。

卷积神经网络与普通神经网络的区别在于，卷积神经网络包含了一个由卷积层和子采样层构成的特征抽取器。在卷积神经网络的卷积层中，一个神经元只与部分邻层神经元连接。在 CNN 的一个卷积层中，通常包含若干个特征平面，每个特征平面由一些矩形排列的的神经元组成，同一特征平面的神经元共享权值，这里共享的权值就是卷积核。卷积核一般以随机小数矩阵的形式初始化，在网络训练过程中卷积核将通过学习得到合理的权值。共享权值(卷积核)带来的直接好处是减少了网络各层之间的连接，同时降低了过拟合的风险。子采样也叫作池化(pooling)，通常有均值子采样(mean pooling)和最大值子采样(max pooling)两种形式。子采样可以看作一种特殊的卷积过程，卷积和子采样大大简化了模型复杂度，减少了模型的参数。卷积神经网络的基本结构如图 9-4 所示。

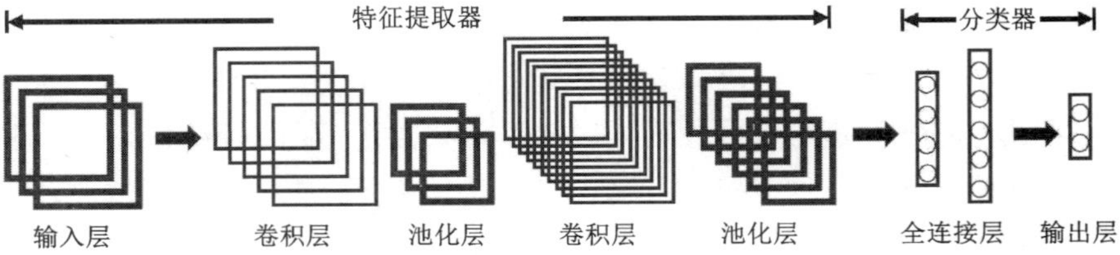

图 9-4 卷积神经网络基本结构

卷积神经网络由三部分构成。第一部分是输入层；第二部分由 n 个卷积层和池化层组合组成；第三部分由一个全连接的多层感知机分类器构成，其中包含多个全连接层，因此，全连接层是构建多层感知机分类器的基本单元。在卷积神经网络的最后几层，通常会有多个全连接层组成一个多层感知机分类器，用于处理卷积层和池化层输出的高维特征向量，并进行最终的分类。假设前一层有 n 个神经元，当前层有 m 个神经元，那么全连接层将包含 $n \times m$ 个权重参数，再加上 m 个偏置参数。

全连接层的输出可以表示为：

$$y = Wx + b \tag{9.25}$$

式中，x 是前一层的输入，W 是权重矩阵，b 是偏置向量，y 是当前层的输出。

在全连接层中，每一个神经元都与上一层所有神经元相连，通过反向传播算法（back propagation algorithm）进行权重的更新。全连接层通常用于图像分类任务的最后阶段，生成一个类别分数向量，并通过 Softmax 函数转化为概率值，从而确定图像所属的类别。

卷积神经网络的训练过程可以分为前向传播（forward propagation）和反向传播（back propagation）两个阶段。前向传播阶段，将输入数据通过各层的运算逐步传递到输出层，生成预测结果。反向传播阶段，通过计算预测结果与真实标签之间的误差，将误差反向传递，通过梯度下降算法（gradient descent algorithm）或其变种（如 Adam、RMSprop）更新各层的权重和偏置，以最小化损失函数（loss function）。常用的损失函数包括交叉熵损失（cross-entropy loss）和均方误差（mean squared error）。在 CNN 结构中，深度越深、特征面数目越多，网络能够表示的特征空间就越大、网络学习能力也越强，然而也会使网络的计算更复杂，更易出现过拟合的现象。

常见的池化方式有最大池化、平均池化和随机池化：①最大池化特别适用于分离非常稀疏的特征；②使用局部区域内所有的采样点去执行池化操作也许不是最优的，例如平均池化就利用了局部接受域内的所有采样点；③随机池化具有最大池化的优点，同时由于随机性，它能够避免过拟合。除此之外，还有混合池化、空间金字塔池化、频谱池化等池化方法。

当一个大的前馈神经网络训练一个小的数据集时，由于容量高，该前馈神经网络在留存测试数据（也可称为校验集）上通常表现不佳，因此为了避免过拟合，通常在全连接层中采用正则化方法——数据丢失（dropout）技术，该技术使隐藏层神经元的输出值以 0.5 的概率变为 0，通过该技术，部分隐藏层节点失效，这些节点不再参加 CNN 的前向传播过程，也不会参加反向传播过程。该技术降低了神经元间相互适应的复杂性，使神经元学习能够得到更鲁棒的特征，目前大多数研究都采用 ReLU 与 dropout 相结合的技术。

CNN 中常采用的改进措施包括：①网中网结构；②空间变换网络；③反卷积。CNN 开始训练之前，需要采用一些不同的小随机数对网络中所有的权值和偏置值进行随机初始化，使用“小随机数”可以保证网络不会因为权值过大而进入饱和状态，从而导致训练失败；“不同”用来保证网络可正常地学习训练，如果使用相同的数值初始化权矩阵，那么网络将没有学习的能力。随机初始化的权值和偏置值的范围均可为[-0.5, 0.5]或者[-1, 1]。

卷积神经网络在图像处理领域取得了显著的成功，并广泛应用于计算机视觉（computer vision）任务中，例如图像分类（image classification）、目标检测（object detection）、图像分割（image segmentation）等。此外，CNN 在语音识别（speech recognition）、自然语言处理（natural language processing）等领域也展现出强大的应用潜力。

9.5 地球物理反演示例

同样采用例 2-1 中均匀大地极化球体上方地表水平测线的自然电场观测结果进行反演，进一步说明神经网络算法的过程。

9.5.1 BP 神经网络计算过程

使用正演模型计算理论电位数据，并对输入(位置坐标)和输出(电位值)数据进行归一化处理，使数据在[0, 1]区间。归一化处理有助于加快模型训练过程，提高模型的收敛速度。

创建 BP 神经网络，将归一化后的位置坐标作为输入。添加一个或多个隐藏层，每个隐藏层包含若干个神经元。隐藏层通过激活函数(如 ReLU 或 Sigmoid)处理输入信号，提取特征。输出层包含一个神经元，用于输出预测的电位值。

在本示例中使用 Levenberg-Marquardt 算法(trainlm)作为训练函数，设置最大迭代次数(epochs)为 10000，学习率为 0.0001，最小梯度为 0.001，最大失败次数(max_fail)为 20。将数据划分为训练集、验证集，二者分别占总数据的 80%和 20%。

在前向传播部分，通过输入层、隐藏层和输出层的计算，得到预测的电位值。计算预测值与观测值之间的误差，通常使用均方误差(MSE)作为损失函数。通过反向传播算法计算误差的梯度，并根据梯度调整网络的权重和偏置，以最小化误差。重复前向传播、计算误差和反向传播的过程，直至达到最大迭代次数或误差收敛到目标值。

使用训练好的神经网络，对归一化处理后的输入数据进行预测，得到预测的电位值。对预测结果进行反归一化处理，将其转换回原始数据范围。

反演计算结果与观测数据拟合情况，以及损失函数曲线分别如图 9-5 和图 9-6 所示。

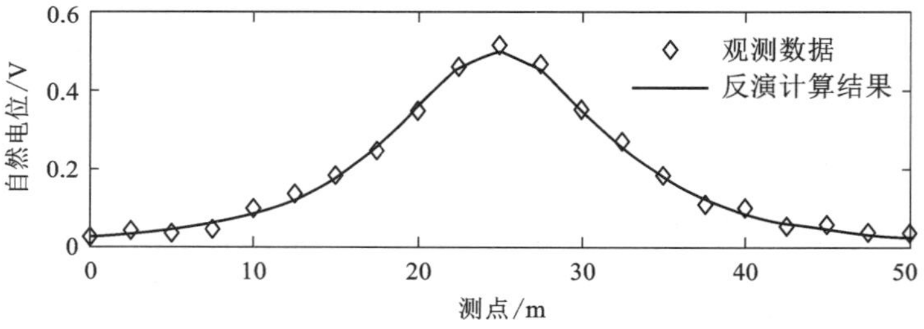

图 9-5 观测及反演曲线对比图

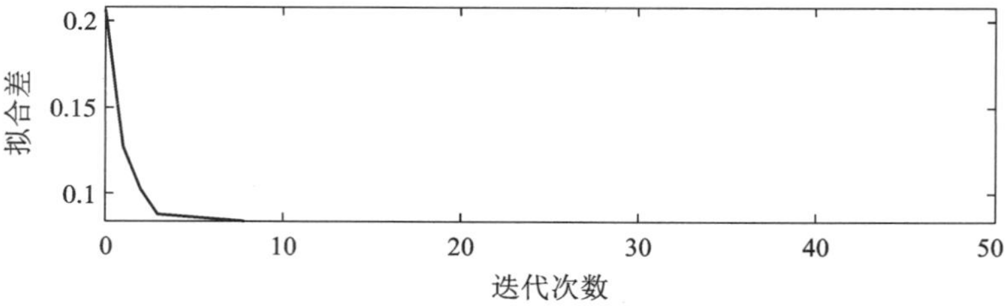

图 9-6 损失函数曲线

BP 神经网络算法求极化球体模型参数的具体 Matlab 程序代码如程序 9-1～程序 9-5 所示，其中程序 9-1 为主程序。

程序 9-1 BP 算法反演主程序

```
data = load('shsp.mat');
X =data.X;                  % 测点点位
SPobs = data.SPobs;     % 观测数据
L = max(X) - min(X);   %测线长度(米)
sample_interval = X(2) - X(1); % 采样间隔(米)
num_samples = length(X);   % 样本数量(点数)
%生成训练数据
num_total_samples = 50000; % 总样本数
[X_train_gen, Y_train_gen] = generate_training_data(num_total_samples, L, sample_interval)
%划分数据集(80% 训练, 20% 测试)
[X_train, Y_train, X_test, Y_test] = split_data(X_train_gen, Y_train_gen, 0.8);
%归一化数据
[X_train_norm, Y_train_norm, X_params, Y_params] = normalize_data(X_train, Y_train);
X_test_norm = normalize_using_params(X_test, X_params);
Y_test_norm = normalize_using_params(Y_test, Y_params);
%创建 BP 神经网络
net =feedforwardnet([128 64 32 32 16]);
fori = 1:5
    net.layers{i}.transferFcn = 'tansig';
end
net.layers{6}.transferFcn = 'purelin';
%设置性能函数和正则化
net.performFcn = 'mse'; % 使用均方误差作为性能函数
net.performParam.regularization = 0.01; % 添加正则化
%设置训练参数
net.trainFcn = 'trainlm'; % 使用 Levenberg-Marquardt 算法
net.trainParam.lr = 0.0001; %设置学习率
net.trainParam.min_grad = 0.001; % 设置最小梯度
net.trainParam.epochs = 10000; % 设置最大迭代次数
net.trainParam.max_fail = 20; % 设置最大验证失败次数
%训练网络
[net, tr] =train(net, X_train_norm', Y_train_norm');
%保存训练好的网络
save('trained_network.mat', 'net', 'X_params', 'Y_params', '-v7.3');
%在测试集上评估网络性能
Y_test_pred_norm = net(X_test_norm');
Y_test_pred = denormalize_data(Y_test_pred_norm', Y_params);
%计算测试集上的均方误差
mse_test = mean((Y_test - Y_test_pred).^2, 'all');
disp(['测试集上的均方误差:', num2str(mse_test)]);
```

续程序 9-1

```
%已知参数
K0 = 50; a = 90; X0 = 25; H = 10; q = 1.5;
SP_pred = SP_forward([K0, a, X0, H, q], L, sample_interval);
%归一化验证数据
SP_pred_norm = normalize_using_params(SP_pred, X_params);
%使用训练好的网络进行预测
Y_pred_norm = net(SP_pred_norm');
Y_pred = denormalize_data(Y_pred_norm', Y_params);
%使用预测的参数生成对应的 SP 曲线
X_pred = SP_forward(Y_pred, L, sample_interval);
%输出结果
param_names = {'K', 'a', 'X0', 'H'};
actual_values = [K0, a, X0, H];
fori = 1:4
    disp([param_names{i}, ' - 实际值:', num2str(actual_values(i)), ', 预测值:', num2str(Y_
pred(i))])
end
%绘制结果
figure(1)
plot(X, SPobs, 'd', 'color', 'k', 'MarkerSize', 10); % 使用观测数据 SPobs 和采样点位 X
hold on
plot(X, X_pred, 'color', 'k', 'LineWidth', 1); % 使用预测结果 X_pred 和采样点位 X
ylabel('SP (V)', 'fontsize', 12);
xlabel('Location (m)', 'fontsize', 12);
o = legend('\fontsize{12} \it Observed', '\fontsize{12} \it Inversion', 'location', 'northeast');
set(o, 'box', 'off');
set(gca, 'fontsize', 12);
box on
hold off
%绘制训练过程中的损失函数图
figure(2)
plot(tr.epoch, tr.perf, '-b', 'LineWidth', 2);
xlabel('Epoch', 'fontsize', 12);
ylabel('Training Performance (MSE)', 'fontsize', 12);
title('Training Performance Curve', 'fontsize', 14);
grid on
set(gca, 'fontsize', 12);
```

程序 9-2 BP 算法正演计算函数

```
function d =SP_forward(X, L, sample_interval)
    k =X(1); a = X(2); x0 = X(3); h = X(4); q = X(5);
    x = 0: sample_interval: L;
    a1 = a * pi / 180; %将倾角转化为弧度制
    d = k * ((x - x0) * cos(a1) + h * sin(a1)) ./ ((h^2 + (x - x0).^2).^q);
end
```

程序 9-3 BP 算法训练数据生成函数

```
function [X, Y] =generate_training_data(num_samples, L, sample_interval)
    Y =zeros(num_samples, 5); % K, a, X0, H, q
    X =zeros(num_samples, L/sample_interval + 1);
    fori = 1: num_samples
        K = rand() * 100;        %随机生成 K, 范围在 0 到 100 之间
        a = rand() * 180;        %随机生成 a, 范围在 0 到 180 之间
        X0 = rand() * 50;        %随机生成 X0, 范围在 0 到 50 之间
        H = rand() * 20;         %随机生成 H, 范围在 0 到 20 之间
        q = 1.5;
        Y(i, :) = [K, a, X0, H, q];
        X(i, :) = SP_forward(Y(i, :), L, sample_interval);
    end
end
```

程序 9-4 BP 算法归一化与反归一化函数

```
function [X_norm, Y_norm, X_params, Y_params] = normalize_data(X, Y)
    X_params.min = min(X);
    X_params.max = max(X);
    Y_params.min = min(Y);
    Y_params.max = max(Y);
    X_norm = (X - X_params.min) ./ (X_params.max - X_params.min);
    Y_norm = (Y - Y_params.min) ./ (Y_params.max - Y_params.min);
end
functionnorm_data = normalize_using_params(data, params)
    norm_data = (data - params.min) ./ (params.max - params.min);
end
functiondenorm_data = denormalize_data(norm_data, params)
    denorm_data = norm_data .* (params.max - params.min) + params.min;
end
```

程序 9-5　BP 算法数据分割函数

```
function [X_train, Y_train, X_test, Y_test] = split_data(X, Y, train_ratio)
    num_samples = size(X, 1);
    indices =randperm(num_samples);
    train_size = round(num_samples * train_ratio);
    train_indices = indices(1: train_size);
    test_indices = indices(train_size+1: end);
    X_train = X(train_indices, : );
Y_train = Y(train_indices, : );
    X_test = X(test_indices, : );
    Y_test =Y(test_indices, : );
end
```

9.5.2　卷积神经网络计算过程

卷积神经网络在归一化之前的步骤都与 BP 神经网络相同，为适应卷积神经网络，将输入数据调整为适当的格式，即[1, 1, num_samples]。

设第一层卷积层使用 16 个卷积核，卷积核大小为 3×1，并进行零填充，以保持输出与输入大小相同，添加批归一化层和 ReLU 激活函数；第二层卷积层使用 32 个卷积核，卷积核大小为[5, 1]，同样进行零填充，并添加批归一化层和 ReLU 激活函数；第三层卷积层使用 64 个卷积核，卷积核大小为[7, 1]，同样进行零填充，并添加批归一化层和 ReLU 激活函数。通过全连接层将卷积层提取的特征映射到输出空间，输出大小设置为 num_samples，以确保其与目标数据的大小匹配。最后添加回归层，执行回归任务，即预测连续值。

在训练阶段，使用 Adam 优化器进行训练，设置最大迭代次数为 50，初始学习率为 0.000003。训练过程中，数据被分为训练集、验证集，二者分别占总数据的 80%和 20%。通过最小化预测值与观测值之间的误差，逐步调整模型参数。训练过程中监控误差变化，直到达到设定的最大迭代次数或误差收敛为止。

使用训练好的卷积神经网络对归一化处理后的输入数据进行预测，得到预测电位值。对预测结果进行反归一化处理，将其转换回原始数据范围。定义目标函数，以预测电位值和观测数据之间的平方误差为目标。

卷积神经网络反演计算结果与观测数据拟合情况，以及损失函数曲线分别如图 9-7、9-8 所示。

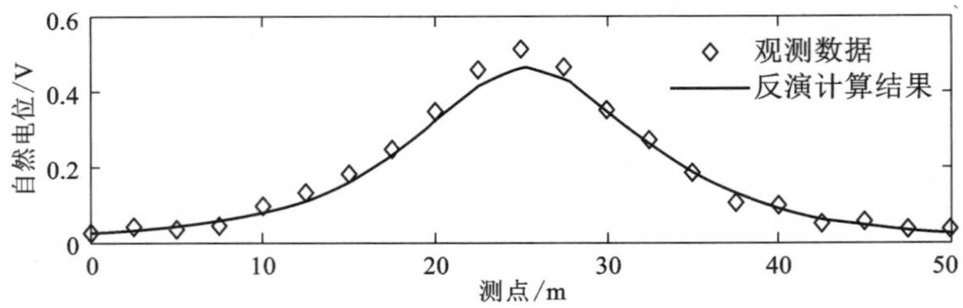

图 9-7　观测及反演曲线对比图

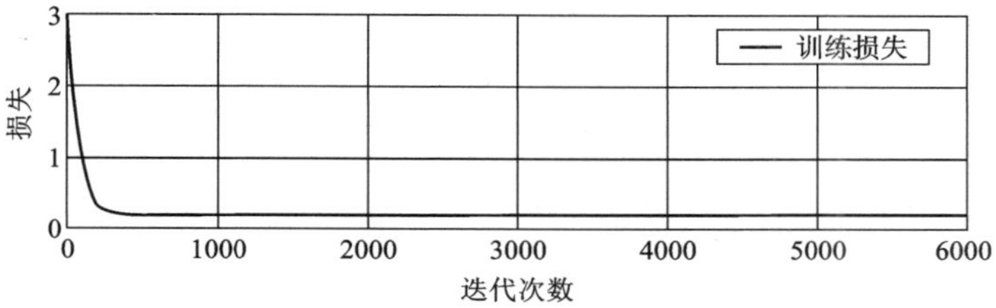

图 9-8 损失函数曲线

卷积神经网络算法求极化球体模型参数的具体 Matlab 程序代码如程序 9-6～程序 9-10 所示，其中程序 9-6 为主程序。

程序 9-6 CNN 算法反演主程序

```
data = load('shsp.mat');
X =data.X;                    % 测点点位
SPobs = data.SPobs;     % 观测数据
sample_interval = X(2) - X(1); % 假设 X 是均匀分布的
L = X(end) - X(1); %测线长度
num_samples = length(X);
%生成数据
[X_data, Y_data] = generate_training_data(num_total_samples, L, sample_interval);
%划分训练集和验证集
train_ratio = 0.8;
num_train = round(num_total_samples * train_ratio);
num_val = num_total_samples - num_train;
X_train = X_data(1: num_train, : );
Y_train = Y_data(1: num_train, : );
X_val = X_data(num_train+1: end, : );
Y_val = Y_data(num_train+1: end, : );
%归一化数据
[X_train_norm, Y_train_norm, X_params, Y_params] = normalize_data(X_train, Y_train);
X_val_norm = (X_val - X_params.min) ./ (X_params.max - X_params.min);
Y_val_norm = (Y_val - Y_params.min) ./ (Y_params.max - Y_params.min);
%固定参数验证集
K0 = 50; a = 90; X0 = 25; H = 10; q = 1.5;
X_fixed_val = SP_forward([K0, a, X0, H, q], L, sample_interval);
X_fixed_val_norm = (X_fixed_val - X_params.min) ./ (X_params.max - X_params.min);
Y_fixed_val = [K0, a, X0, H, q]; % 固定验证集的真实参数
%将数据调整为 CNN 输入格式
X_train_cnn = reshape(X_train_norm', [num_samples, 1, 1, num_train]);
Y_train_cnn = Y_train_norm;
X_val_cnn = reshape(X_val_norm', [num_samples, 1, 1, num_val]);
```

续程序 9-6

```
Y_val_cnn = Y_val_norm;
X_fixed_val_cnn = reshape(X_fixed_val_norm', [num_samples, 1, 1, 1]);
%定义 CNN 模型
layers = [
    imageInputLayer([num_samples 1 1], 'Name', 'input')
    convolution2dLayer([3 1], 16, 'Padding', 'same', 'Name', 'conv1')
    batchNormalizationLayer('Name', 'batchnorm1')
    reluLayer('Name', 'relu1')
    convolution2dLayer([5 1], 32, 'Padding', 'same', 'Name', 'conv2')
    batchNormalizationLayer('Name', 'batchnorm2')
    reluLayer('Name', 'relu2')
    convolution2dLayer([7 1], 64, 'Padding', 'same', 'Name', 'conv3')
    batchNormalizationLayer('Name', 'batchnorm3')
    reluLayer('Name', 'relu3')
    fullyConnectedLayer(64, 'Name', 'fc1')
    reluLayer('Name', 'relu_fc1')
    fullyConnectedLayer(5, 'Name', 'fc2')
    regressionLayer('Name', 'output')];
%调整训练选项
options =trainingOptions('adam', ...
    'InitialLearnRate', 0.000003, ...
    'LearnRateSchedule', 'piecewise', ...
    'LearnRateDropFactor', 0.5, ...
    'LearnRateDropPeriod', 20, ...
    'MaxEpochs', 50, ...
    'MiniBatchSize', 64, ...
    'Shuffle', 'every-epoch', ...
    'ValidationData', {X_val_cnn, Y_val_cnn}, ...
    'ValidationFrequency', 50, ...
    'Verbose', true, ...
    'Plots', 'training-progress', ...
    'OutputFcn', @saveTrainingInfo); % 添加自定义输出函数;
%训练网络
net =trainNetwork(X_train_cnn, Y_train_cnn, layers, options);
%使用训练好的网络进行预测(固定参数验证集)
Y_pred_norm = predict(net, X_fixed_val_cnn);
Y_pred = denormalize_data(Y_pred_norm, Y_params);
%输出结果
param_names = {'K', 'a', 'X0', 'H', 'q'};
fori = 1:5
```

续程序 9-6

```
        disp([param_names{i}, ' - 实际值: ', num2str(Y_fixed_val(i)), ', 预测值: ', num2str(Y_pred(i))])
    end
    %绘制观测数据与预测数据对比图
    figure(1)
    plot(X, SPobs, 'd', 'color', 'k', 'MarkerSize', 10); % 观测数据
    hold on
    X_pred_sp = SP_forward(Y_pred, L, sample_interval);
    plot(X, X_pred_sp, 'color', 'k', 'LineWidth', 1); % 预测数据
    ylabel('SP (V)', 'fontsize', 12);
    xlabel('Location (m)', 'fontsize', 12);
    o = legend('\fontsize{12} \it Observed', '\fontsize{12} \it Inversion', 'location', 'northeast');
    set(o, 'box', 'off');
    set(gca, 'fontsize', 12);
    box on
    hold off
    %绘制训练过程中的损失函数图
    figure(2)
    plot(tr.TrainingLoss, '-k', 'LineWidth', 2);
    xlabel('Epoch', 'fontsize', 12);
    ylabel('Training Performance (MSE)', 'fontsize', 12);
    title('Training and Validation Performance Curve', 'fontsize', 14);
    legend({'Training Loss', 'Validation Loss'}, 'Location', 'best');
    grid on
    set(gca, 'fontsize', 12);
```

程序 9-7　CNN 算法正演计算函数

```
% SP forward model function
function d =SP_forward(X, L, sample_interval)
    k =X(1); a = X(2); x0 = X(3); h = X(4); q = X(5);
    a1 = a * pi / 180; %将倾角转化为弧度制
    x = 0: sample_interval: L;
    d = k * ((x - x0) * cos(a1) + h * sin(a1)) ./ ((h^2 + (x - x0).^2).^q);
end
```

程序 9-8　CNN 算法训练数据生成函数

```
function [X_train, Y_train, X_test, Y_test] = split_data(X, Y, train_ratio)
    num_samples = size(X, 1);
    indices =randperm(num_samples);
```

续程序 9-8

```
    train_size = round(num_samples * train_ratio);
    train_indices = indices(1: train_size);
    test_indices = indices(train_size+1: end);
    X_train = X(train_indices, : );
    Y_train = Y(train_indices, : );
    X_test = X(test_indices, : );
    Y_test =Y(test_indices, : );
end
```

程序 9-9　CNN 算法归一化与反归一化函数

```
function [X_norm, Y_norm, X_params, Y_params] = normalize_data(X, Y)
    X_params. min = min(X);
    X_params. max = max(X);
    Y_params. min = min(Y);
    Y_params. max = max(Y);
    X_norm = (X - X_params. min) ./ (X_params. max - X_params. min);
    Y_norm = (Y - Y_params. min) ./ (Y_params. max - Y_params. min);
end
%数据反归一化函数
function X =denormalize_data(X_norm, params)
    X =X_norm .* (params. max - params. min) + params. min;
end
```

程序 9-10　CNN 算法训练信息存储函数

```
function stop =saveTrainingInfo(info)
    stop = false;
    persistenttrainingLoss;
    persistentvalidationLoss;
    ifinfo. State == "start"
        trainingLoss = [ ];
        validationLoss = [ ];
    elseifinfo. State == "iteration"
        trainingLoss(end+1) = info. TrainingLoss;
        if ~isempty(info. ValidationLoss)
            validationLoss(end+1) = info. ValidationLoss;
        end
    elseifinfo. State == "done"
        assignin('base', 'tr', struct('TrainingLoss', trainingLoss, 'ValidationLoss', validationLoss));
    end
end
```

参考文献

[1] 李董辉, 童小娇, 万中. 数值最优化算法与理论神经网络[M], 北京: 科学出版社, 2010.

[2] 包子阳, 余继周, 杨杉. 智能优化算法及其 MATLAB 实例[M], 北京: 电子工业出版社, 2021.

[3] 崔益安, 纪铜鑫, 李溪阳, 等. 基于粒子群优化的多目标体中梯电阻率异常反演[J]. 地球物理学进展, 2013, 28 (04): 2164-2170.

[4] 崔益安, 李溪阳, 向恩明, 等. 基于粒子群优化的双频激电数据联合反演[J]. 中国有色金属学报, 2013, 23 (09): 2498-2505.

[5] 朱肖雄, 崔益安, 李溪阳, 等. 基于粒子群优化的自然电场数据反演[J]. 中南大学学报(自然科学版), 2015, 46 (02): 579-585.

[6] 朱肖雄, 崔益安, 陈志学. 基于最小二乘正则化的自然电场场源反演成像[J]. 地球物理学进展, 2016, 31 (05): 2313-2318.

[7] 阳兵, 崔益安, 谢静, 等. 基于粒子滤波的自然电场数据反演[J]. 地球物理学进展, 2020, 35(06): 2407-2415.

[8] CUI Y A, ZHU X X. Performance evaluation for intelligent optimization algorithms in self-potential data inversion[J]. Journal of Central South University, 2016, 23(10): 2659-2688.

[9] CUI Y A, CHEN Z X, ZHU X X, et al. Sequential and Simultaneous Joint Inversion of Resistivity and IP Sounding Data Using Particle Swarm Optimization. Journal of Earth Science, 2017. 8, 28(4): 709-718.

[10] CUI Y A, ZHANG L J, ZHU X X. Inversion for magnetotelluric data using the particle swarm optimization and regularized least squares[J]. Journal of Applied Geophysics, 2020, 181(10): 104156.

[11] LUO Y J, CUI Y A, XIE J, et al. Inversion of self-potential anomalies caused by simple polarized bodies based on particle swarm optimization[J]. Journal of Central South University, 2021, 28(6) : 1797-1812.

[12] XIE J, CUI Y A, NIU Q F. Coupled inversion of hydraulic and self-potential data from transient outflow experiments to estimate soil petrophysical properties[J]. Vadose Zone Journal, 2021, 20(5): e20157.

[13] LIU J R, CUI Y A, XIE J, et al. Inversion of self-potential anomalies from regular geometric objects by using whale optimization algorithm[J]. Journal of Central South University, 2023, 30(9) : 3069-3082.

[14] LUO Y J, DU X Z, CUI Y A, et al. Inversion of self-potential source based on particle swarm optimization [J]. Geophysical Prospecting, 2023, 71(2): 322-335.

[15] LUO Y J, CUI Y A, GUO Y J, et al. Compact source inversion of self-potential data generated by geomicrobes [J]. Journal of Applied Geophysics, 2024, 228(9): 105463.